Dirk Windisch

Charakterisierung des E5-Onkoproteins aus dem Rinder-Papillomavirus

Dirk Windisch

# Charakterisierung des E5-Onkoproteins aus dem Rinder-Papillomavirus

Untersuchung der Struktur und Dimerisierung des membranständigen E5-Onkoproteins mit CD- und NMR-Spektroskopie

Südwestdeutscher Verlag für Hochschulschriften

Impressum/Imprint (nur für Deutschland/only for Germany)
Bibliografische Information der Deutschen Nationalbibliothek: Die Deutsche Nationalbibliothek verzeichnet diese Publikation in der Deutschen Nationalbibliografie; detaillierte bibliografische Daten sind im Internet über http://dnb.d-nb.de abrufbar.
Alle in diesem Buch genannten Marken und Produktnamen unterliegen warenzeichen-, marken- oder patentrechtlichem Schutz bzw. sind Warenzeichen oder eingetragene Warenzeichen der jeweiligen Inhaber. Die Wiedergabe von Marken, Produktnamen, Gebrauchsnamen, Handelsnamen, Warenbezeichnungen u.s.w. in diesem Werk berechtigt auch ohne besondere Kennzeichnung nicht zu der Annahme, dass solche Namen im Sinne der Warenzeichen- und Markenschutzgesetzgebung als frei zu betrachten wären und daher von jedermann benutzt werden dürften.

Verlag: Südwestdeutscher Verlag für Hochschulschriften GmbH & Co. KG
Heinrich-Böcking-Str. 6-8, 66121 Saarbrücken, Deutschland
Telefon +49 681 37 20 271-1, Telefax +49 681 37 20 271-0
Email: info@svh-verlag.de

Zugl.: Karlsruhe, TH, Diss., 2009

Herstellung in Deutschland:
Schaltungsdienst Lange o.H.G., Berlin
Books on Demand GmbH, Norderstedt
Reha GmbH, Saarbrücken
Amazon Distribution GmbH, Leipzig
**ISBN: 978-3-8381-3027-9**

Imprint (only for USA, GB)
Bibliographic information published by the Deutsche Nationalbibliothek: The Deutsche Nationalbibliothek lists this publication in the Deutsche Nationalbibliografie; detailed bibliographic data are available in the Internet at http://dnb.d-nb.de.
Any brand names and product names mentioned in this book are subject to trademark, brand or patent protection and are trademarks or registered trademarks of their respective holders. The use of brand names, product names, common names, trade names, product descriptions etc. even without a particular marking in this works is in no way to be construed to mean that such names may be regarded as unrestricted in respect of trademark and brand protection legislation and could thus be used by anyone.

Publisher: Südwestdeutscher Verlag für Hochschulschriften GmbH & Co. KG
Heinrich-Böcking-Str. 6-8, 66121 Saarbrücken, Germany
Phone +49 681 37 20 271-1, Fax +49 681 37 20 271-0
Email: info@svh-verlag.de

Printed in the U.S.A.
Printed in the U.K. by (see last page)
**ISBN: 978-3-8381-3027-9**

Copyright © 2011 by the author and Südwestdeutscher Verlag für Hochschulschriften GmbH & Co. KG and licensors
All rights reserved. Saarbrücken 2011

# Inhaltsverzeichnis

Abbildungsverzeichnis ................................................................. 5
Abkürzungen ................................................................................ 7
Einheiten und Symbole .................................................................. 9

## 1 Einleitung und Theorie ........................................................ 11

1.1 Biologischer Hintergrund .................................................... 11
    1.1.1 Papillomaviren ........................................................... 11
    1.1.2 Das E5-Onkoprotein aus dem Rinder-Papillomavirus Typ I ........... 14
    1.1.3 Das E5-Protein und der PDGF-Rezeptor $\beta$ ........................ 18
1.2 Strukturaufklärung von Membranproteinen ............................ 21
1.3 Theoretischer Hintergrund von CD und NMR ........................ 25
    1.3.1 Circulardichroismus (CD)-Spektroskopie ........................... 25
    1.3.2 Orientierte CD-Spektroskopie (OCD) .............................. 28
    1.3.3 Kernspinmagnetresonanz (NMR)-Spektroskopie .................. 30
    1.3.4 Das HSQC-Experiment ................................................. 35

## 2 Aufgabenstellung ................................................................ 37

## 3 Material und Methoden ....................................................... 39

3.1 Materialien ........................................................................ 39
    3.1.1 Bakterienstämme ........................................................ 39
    3.1.2 Chemikalien ............................................................... 39
    3.1.3 Geräte und Materialien ................................................. 41
    3.1.4 Lösungen und Puffer .................................................... 44
    3.1.5 Vektoren ................................................................... 51
    3.1.6 Verbrauchsmaterialien ................................................. 52

## 3.2 Mikrobiologische Methoden ... 53

3.2.1 Arbeiten unter sterilen Bedingungen ... 53
3.2.2 Herstellung von Agarplatten ... 53
3.2.3 Transformation durch Elektroporation ... 53
3.2.4 Herstellung eines Glycerol-Stocks ... 54
3.2.5 Ausstrich aus einem Glycerol-Stock ... 54
3.2.6 Anfertigen einer Vorkultur für die Proteinexpression ... 54
3.2.7 Anfertigen einer Übernachtkultur für die Proteinexpression ... 54
3.2.8 Expression in Voll- und Minimalmedium ... 54

## 3.3 Mutagenese-PCR ... 55

## 3.4 Molekularbiologische Arbeitsmethoden ... 56

3.4.1 Plasmidsolierung aus Bakterien ... 56
3.4.2 Agarosegel-Elektrophorese ... 57
3.4.3 Isolierung von DNA aus Agarosegelen ... 57

## 3.5 Proteinchemische Arbeitsmethoden ... 58

3.5.1 Zellaufschluss und Isolierung von Inclusion Bodies ... 58
3.5.2 Proteolytische Spaltung mit Hydroxylamin ... 58
3.5.3 Dialyse ... 59
3.5.4 Entfernen von Salzen aus Proteinproben durch TCA-Fällung ... 59
3.5.5 SDS-Polyacrylamid Gelelektrophorese (SDS-PAGE) ... 60
3.5.6 SDS-Polyacrylamid Gelelektrophorese für kleine Proteine ... 61
3.5.7 MALDI-TOF Massenspektrometrie ... 62

## 3.6 Chromatographie ... 63

3.6.1 Nickel-Affinitätschromatographie ... 63
3.6.2 Umkehr-Phase (Reversed Phase) HPLC ... 64

## 3.7 Circulardichroismus (CD)-Spektroskopie ... 66

3.7.1 Gebräuchliche Einheiten der CD-Spektroskopie ... 66
3.7.2 CD-Messungen ... 67
3.7.3 Sekundärstrukturauswertungen von CD-Spektren ... 68

3.7.4 OCD-Messungen ..... 71
3.7.5 Berechnung des Neigungswinkels eines Proteins ..... 72
3.7.6 Präparation von CD- und OCD-Proben ..... 74
**3.8 Kernspinmagnetresonanz (NMR)-Spektroskopie** ..... **75**
3.8.1 Präparation von NMR-Proben ..... 75
**4 Ergebnisse** ..... **77**
**4.1 Herstellung des E5-Wildtypproteins und von E5-Mutanten** ..... **77**
4.1.1 E5-Mutanten aus vorherigen Arbeiten ..... 77
4.1.2 Neue Einfach-Cystein-Mutanten E5-ASC und E5-CSA ..... 78
4.1.3 Herstellung und Aufreinigung der $trp$-ΔLE-E5-Fusionsproteine ..... 80
4.1.4 Hydroxylaminspaltung und Aufreinigung von E5 ..... 83
**4.2 Charakterisierung des Wildtypproteins und der E5-Mutanten . 85**
4.2.1 Reste von Guanidin-Hydrochlorid nach der Aufreinigung ..... 85
4.2.2 Identifizierung von E5-Monomer und -Dimer durch MALDI-TOF ..... 86
4.2.3 Verhalten von E5-Monomer und -Dimer bei der SDS-PAGE ..... 88
**4.3 Herstellung von CD- und OCD-Proben** ..... **91**
4.3.1 Anpassung der Standardprotokolle ..... 91
4.3.2 Einfluss des pH-Werts auf die Rekonstitution ..... 91
4.3.3 Einfluss der Temperatur auf die Rekonstitution ..... 94
**4.4 Strukturuntersuchungen mit CD und OCD** ..... **96**
4.4.1 Maximale Helizität von E5: Rekonstitution in TFE ..... 96
4.4.2 E5 in membranähnlicher Umgebung: Rekonstitution in Mizellen ..... 98
4.4.3 E5 in membranähnlicher Umgebung: Rekonstitution in Liposomen 103
4.4.4 Sekundärstrukturauswertung mit CONTIN-LL ..... 106
4.4.5 E5-Wildtyp und reduzierenden Bedingungen ..... 109
4.4.6 Orientierte CD-Spektroskopie von E5 in Lipiddoppelschichten ..... 110

4.5 Strukturuntersuchungen mit NMR ............................................... 114

4.5.1 Strukturuntersuchungen des E5-Wildtypproteins in TFE ............... 114
4.5.2 Strukturuntersuchungen der E5-Cystein-Mutanten in TFE ............ 116
4.5.3 Strukturuntersuchungen der E5-Proteine in Detergenzien ............ 119
4.5.4 Strukturuntersuchungen der E5-Proteine in Lipiden .................... 120

# 5 Diskussion ............................................................................. 121

5.1 Kovalente Dimerisierung – Rolle der Disulfidbrücken ............ 121

5.2 Nicht-Kovalente Dimerisierung – Helix-Helix-Interaktionen ... 123

5.3 Sekundärstruktur von E5 ............................................................ 124

5.3.1 Sekundärstruktur von E5 in Detergenzien und Lipiden ............... 124
5.3.2 Sekundärstruktur von E5 in TFE ............................................... 126

5.4 Orientierung der E5-Helix in der Membran ............................... 128

5.5 Ähnlichkeiten zu bekannten Coiled Coil-Peptiden ................... 131

5.6 Oligomerisierung von E5 ........................................................... 134

5.7 Fazit ............................................................................................. 137

# 6 Zusammenfassung ................................................................ 140

# 7 Literaturverzeichnis .............................................................. 141

# Abbildungsverzeichnis

Abb. 1: Organisation des BPV Typ I Genoms — 12
Abb. 2: Aminosäuresequenz des E5-Wildtyp Proteins — 16
Abb. 3: Interface des E5-Dimers — 17
Abb. 4: E5-PDGF-Rezeptor β Komplex — 20
Abb. 5: Linear und elliptisch polarisiertes Licht — 26
Abb. 6: Elektronische Übergänge in der CD-Spektroskopie — 27
Abb. 7: CD-Basisspektren der reinen Proteinsekundärstrukturen — 28
Abb. 8: OCD-Spektroskopie — 29
Abb. 9: Kernspin und Energieniveaus — 31
Abb. 10: Längs- und Quermagnetisierung — 32
Abb. 11: Quermagnetisierung und Phasenkohärenz — 33
Abb. 12: Pulsfolge eines HSQC-Experiments — 36
Abb. 13: Expressionsvektor pMMHb/E5 — 51
Abb. 14: Hydroxylaminspaltung von trp-ΔLE-E5 — 59
Abb. 15: Elliptizität — 67
Abb. 16: Schematischer Aufbau einer OCD-Zelle — 71
Abb. 17: Neigungswinkel eines helikalen Membranproteins — 72
Abb. 18: Vektorkarte des Fusionsproteins trp-ΔLE-E5-Wildtyp in pMMHb — 77
Abb. 19: E5-Mutanten E5-ACA und E5-ASA — 78
Abb. 20: E5-Mutanten E5-ASC und E5-CSA — 79
Abb. 21: Mutagenese-PCR zur Herstellung von E5-Mutanten — 79
Abb. 22: Sequenzierergebnisse E5-ASC und E5-CSA — 80
Abb. 23: SDS-Gelelektrophorese Expression E5-Wildtyp — 81
Abb. 24: Aufreinigung E5-Wildtyp mit und ohne Affinitätschromatographie — 82
Abb. 25: HPLC-Chromatogramm Aufreinigung E5-Wildtyp und E5-ASA — 84
Abb. 26: $^1$H-1D-NMR-Spektrum E5-Wildtyp — 85
Abb. 27: MALDI-TOF Massenspektren — 87
Abb. 28: SDS-Gelelektrophorese Monomer und Dimerfraktion — 89
Abb. 29: SDS-Gelelektrophorese E5-Wildtyp und Mutanten — 90
Abb. 30: pH-Abhängogkeit der Sekundärstruktur des E5-Wildtyp-Proteins — 92
Abb. 31: Temperaturserie E5-Wildtyp in DPC bei pH 7 — 95

| | |
|---|---|
| Abb. 32: CD-Spektren E5-Wildtyp und Mutanten in TFE | 97 |
| Abb. 33. CD-Spektren E5-Wildtyp und Mutanten in LPPC-Mizellen | 100 |
| Abb. 34: CD-Spektren E5-Wildtyp und Mutanten in Mizellen | 101 |
| Abb. 35: CD-Spektren E5-Wildtyp in anderen Detergenzien | 103 |
| Abb. 36: CD-Spektren E5-Wildtyp und Mutanten in Liposomen | 104 |
| Abb. 37: CD-Spektren E5-Wildtyp in verschiedenen Lipiden | 105 |
| Abb. 38: E5 unter reduzierenden und nicht-reduzierenden Bedingungen | 109 |
| Abb. 39: OCD-Spektren E5-Wildtyp und Mutanten | 111 |
| Abb. 40: HSQC-NMR-Spektrum E5-Wildtyp in TFE | 116 |
| Abb. 41: HSQC-NMR-Spektren der verschiedenen E5-Mutanten in TFE | 117 |
| Abb. 42: Vergleich der HSQC-Spektren E5-Wildtyp und E5-Mutanten | 118 |
| Abb. 43: HSQC- und CD-Spektrum des E5-Wildtyp-Proteins in DPC | 119 |
| Abb. 44: Festkörper-NMR 1D-Spektrum E5-Wildtyp in DMPC/LMPC | 120 |
| Abb. 45: Vermutliche Lage der helikalen Transmembrandomäne in E5 | 125 |
| Abb. 46: Helical Wheel-Diagramm des E5-Wildtyp-Proteins | 126 |
| Abb. 47: Hypothetischer Helixbereich von E5 in TFE | 127 |
| Abb. 48: Mögliche Anordnungen der Untereinheiten des E5-Dimers | 129 |
| Abb. 49: CD-Vergleichsspektren bekannter Coiled Coil Peptide | 132 |
| Abb. 50: Oligomerisierung von E5 | 135 |

# Abkürzungen

| | |
|---|---|
| ad | addieren, auffüllen auf |
| AN | Acetonitril |
| APS | Ammoniumpersulfat |
| BMRB | Biological Magnetic Resonance Data Bank |
| BPV | *engl.*, bovine papillomavirus (Rinder-Papillomavirus) |
| CD | Circulardichroismus |
| CSF | *engl.*, colony stimulating factor (Kolonien stimulierender Faktor) |
| DDM | Dodecyl-ß-D-Maltosid |
| DHB | Dihydroxybenzoesäure |
| $DH_6PC$ | 1,2-Dihexanoyl-*sn*-Glycero-3-Phosphocholin |
| DMPC | 1,2-Dimyristoyl-*sn*-Glycero-3-Phosphocholin |
| DLPC | 1,2-Dilauroyl-*sn*-Glycero-3-Phosphocholin |
| DPC | N-Dodecylphosphocholin |
| DSS | 2,2-Dimethyl-2-Silapentane-5-Sulfonsäure |
| DTT | Dithiothreitol |
| EDTA | Ethylendiamintetraessigsäure |
| EGF | *engl.*, epidermal growth factor (Epidermaler Wachstumsfaktor) |
| ER | Endoplasmatisches Retikulum |
| FGF | *engl.*, fibroblast growth factor (Fibroblastenwachstumsfaktor) |
| HSQC | *engl.*, Heteronuclear Single Quantum Coherence (Bezeichnung eines NMR-Experiments) |
| HPLC | *engl.*, High Performance Liquid Chromatographie Hochleistungsflüssigkeitschromatographie |
| IB | *engl.*, Inclusion Bodies (Einschlusskörperchen) |
| INEPT | *engl.*, Insensitive Nuclei Enhancement by Polarisation Transfer (Bezeichnung einer NMR-Pulsfolge) |
| IP | Isopropanol |
| IPTG | Isopropyl-β-D-thiogalactopyranosid |
| IR | Infrarot |
| LB | *engl.*, lysogeny broth (Vollmedium) |
| LCR | *engl.*, long control region (Bezeichnung aus der Genetik) |
| LD | Lineardichroismus |
| LMPC | 1-Myristoyl-2-Hydroxy-*sn*-Glycero-3-Phosphocholin |
| LPPC | 1-Palmitoyl-2-Hydroxy-*sn*-Glycero-3-Phosphocholin |
| LPPG | 1-Palmitoyl-2-Hydroxy-*sn*-Glycero-3-[Phospho-*rac*-(1-Glycerol)] |
| MALDI-TOF | *engl.*, Matrix Assisted Laser Desorption/Ionisation-Time of Flight (Bezeichnung einer Methode in der Massenspektroskopie) |
| MD | Moleküldynamik |
| MRE | *engl.*, Mean Residual Ellipticity (mittlere Elliptizität pro Aminosäurerest) |

| | |
|---|---|
| NaPi | Natriumphosphat |
| NMR | *engl.*, Nuclear Magnetic Resonance (Kernspinmagnetresonanz) |
| NMRSD | normalized mean root squared deviation (normierte mittlere Standardabweichung) |
| NOESY | *engl.*, Nuclear Overhauser and Exchange Spectroscopy (Bezeichnung eines NMR-Experiments) |
| OCD | Orientierter Circulardichroismus |
| OG | N-Octyl-ß-D-Glucopyranosid |
| ORD | optische Rotationsdispersion |
| PAGE | Polyacryamid-Gelelektrophorese |
| PDB | Protein Data Bank |
| PDGF | *engl.*, platelet-derived growth factor (Blutplättchen-Wachstumsfaktor) |
| PI | Phosphoinositid |
| POPC | 1-Palmitoyl-2-Oleoyl-*sn*-Glycero-3-Phosphocholin |
| pRb | Retinoplastoma Protein |
| rH | *engl.*, relative humidity (relative Luftfeuchtigkeit) |
| RP | *engl.*, reversed phase (Umkehrphase) |
| RTK | Rezeptortyrosinkinase |
| RZ | Retentionszeit |
| SDS | Sodium Dodecylsulfat |
| SH2 | Src homology 2 |
| SOC | *engl.*, Super Optimal Catabolizer (Mediumbezeichnung) |
| TAE | Tris-Acetat-EDTA |
| TCA | Trichloressigsäure |
| TCEP | Tris-(2-carboxyethyl)-Phosphin |
| TEMED | Tetramethyldiamin |
| TFA | Trifluoressigsäure |
| TFE | 2,2,2-Trifluorethanol |
| TMD | Transmembrandomäne |
| TOCSY | *engl.*, Total Correlation Spectroscoy (Bezeichnung eines NMR-Experiments) |
| *tof* | *engl.*, time of flight (Flugzeit) |
| UV | Ultraviolett |

# Einheiten und Symbole

| | |
|---|---|
| $\alpha$ | Alpha |
| Å | Ångström |
| $n$ | Anzahl Peptidbindungen |
| $N$ | Anzahl Aminosäuren |
| $\beta$ | Beta |
| $k$ | Boltzman-Konstante |
| $\delta$ | chemische Verschiebung |
| Da | Dalton |
| $\Delta$ | Delta |
| $p$ | Drehimpuls |
| $\theta$ | Elliptizität |
| $g$ | Erdbeschleunigung |
| $\varepsilon$ | Extinktionskoeffizient |
| $f_H$ | fraktionaler Helixanteil |
| $\gamma$ | gyromagnetisches Verhältnis |
| $\tau$ | Impulslänge |
| $I$ | Kernspinquantenzahl |
| $c$ | Konzentration |
| $F$ | Kreisfläche |
| $L$ | Liter |
| $E_L$ | links polarisiertes Licht |
| $\mu$ | magnetisches Moment |
| $m$ | Masse |
| $N$ | Membrannormale |
| nm | Nanometer |
| $[\theta]_{MRE}$ | molare Elliptizität pro Aminosäurerest |
| $M$ | Molekulargewicht |
| $S_h$ | Ordnungsparameter |
| $\beta$ | Peptid-Neigungswinkel |
| $\pi$ | Pi |
| $\hbar$ | Planck'sches Wirkungsquantum |
| % | Prozent |
| $E_R$ | rechts polarisiertes Licht |
| $d$ | Schichtdicke |
| $\Sigma$ | Summe |
| $T$ | Temperatur |
| $\infty$ | unendlich |
| $V$ | je nach Kontext: Volumen oder Volt |
| $z$ | Ladung |

# 1 Einleitung und Theorie

## 1.1 Biologischer Hintergrund

### 1.1.1 Papillomaviren

Papillomaviren sind kleine unbehüllte DNA-Viren, welche zur Familie der Papillomaviridae gehören und in zahlreichen Säugetierarten sowie in Vögeln und Reptilien vorkommen. Dort infizieren sie Epithelzellen der Haut sowie verschiedener Schleimhäute und sind für die Entstehung unterschiedlicher, meist gutartiger, dermaler Läsionen und Warzen verantwortlich. Einige Virentypen können jedoch auch bösartige Veränderungen auslösen wodurch krebsartige Geschwüre entstehen. Besonders Typ 16 und 18 aus der Familie der humanen Papillomaviren werden mit der Entstehung von Gebärmutterhalskrebs, welcher die zweithäufigste Krebsart bei Frauen weltweit ist, in Zusammenhang gebracht.[1] Neben den intensiv untersuchten humanen Papillomaviren sind Rinder-Papillomaviren die am besten untersuchten Vertreter dieser Virenfamilie und werden oftmals als Modell zur Untersuchung der durch Papillomaviren vermittelten Zelltransformation benutzt.

Histopathologisch werden Papillomaviren in verschiedene Gruppen eingeteilt und nach der für Viren üblichen, griechischen Nomenklatur bezeichnet, wobei die humanen Papillomaviren in die Gruppen *Alpha*, *Beta* und *Gamma* eingeordnet sind. Die Rinder-Papillomaviren (BPV), eingeordnet in die Gruppen *Delta*, *Xi* und *Epsilon*, sind eine sehr heterogene Gruppe, in welcher bisher sechs verschiedene Typen (BPV Typ I bis VI) eingehend charakterisiert und 13 weitere bekannt sind.[2,3] *Delta*-Papillomaviren umfassen BPV Typ I und II und infizieren die Epidermis und darunter liegende Dermis, wodurch Fibropapillome entstehen, weswegen sie auch als Fibropapillomaviren bezeichnet werden. Fibropapillome sind gutartige, warzenähnliche Gebilde der Haut, welche einen hohen Anteil an Bindegewebe enthalten und deren Oberflächen von Epithelzellen bekleidet sind. *Xi*-Papillomaviren umfassen BPV Typ III, IV und VI und haben durch das Fehlen des E6 Onkoproteins ein kleineres Genom als die anderen Typen. Diese Viren infizieren ausschließlich die Epidermis und verursachen dort die Entstehung gutartiger Papillome. BPV Typ V ist momentan das einzige Mitglied der *Epsilon*-Papillomaviren, welche verschiedene Eigenschaften aus *Delta*- und *Xi*-Papillomaviren in sich vereinen.[4] Im Allgemeinem verursachen Papillomaviren in Rindern Geschwüre auf der Haut, am Euter, in der Harnblase und Verdauungstrakt sowie an den Genitalien.

*Einleitung und Theorie*

Trotz Unterschiede in der Pathologie sowie der engen Wirtspezifität zeichnen sich die Viria der verschiedenen Papillomavirengruppen durch eine ähnliche Morphologie und Struktur aus. Beispielsweise hat das Virion des humanen Papillomavirus Typ 16, welches mittels Elektronenmikroskopie untersucht worden ist, eine icosaederähnliche Struktur mit einem Durchmesser von 55 bis 60 nm, aufgebaut aus den großen und kleinen Capsidproteinen L1 und L2.[5] Pro Capsid lagern sich hierbei 360 L1-Moleküle und 12 L2-Moleküle zusammen. Das Virus-Capsid wird durch Disulfidbrücken zwischen benachbarten L1-Molekülen zusammengehalten, wobei angenommen wird, dass nach der Infektion unter den reduzierenden Bedingungen im Zellinneren die Disulfidbrücken aufbrechen, wodurch das Virusgenom frei wird.[6] Von allen Papillomavirentypen wurde das Genom des BPV Typ I als erstes sequenziert.[7] Das BPV-Genom ist in einem doppelsträngigen, zirkulären DNA-Molekül mit ca. 8000 Nukleotiden verpackt und besteht aus insgesamt acht Genen, hierunter sechs Virusproteine und zwei Strukturproteine.[8,9] Die Nukleotidsequenz kann in drei funktionelle Bereiche unterteilt werden (Abbildung 1). In der „long control region" (LCR) liegen die *cis*-regulatorischen DNA-Elemente, welche für die Replikation und Transkription der viralen DNA notwendig sind. Im zweiten Bereich, welcher über 50% des gesamten Genoms ausmacht, liegen die so genannten frühen *Early* (E)-Gene. Diese Gene (E1, E2, E4, E5, E6 und E7) werden während der frühen Phase des viralen Lebenszyklus exprimiert und kodieren für Proteine involviert in Replikation, Transkription und Transformation.[10] Im Bereich der späten *Late* (L)-Gene liegen die Strukturgene L1 und L2, welche für die Capsidproteine kodieren. Eine vergleichbare Genomstruktur wurde auch bei den anderen Papillomaviren gefunden.

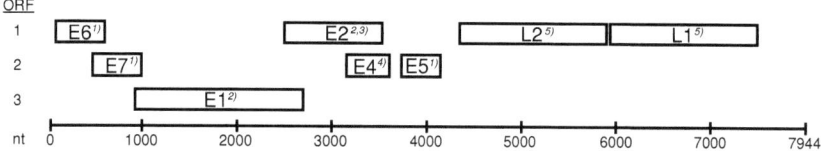

Abbildung 1: Organisation des BPV Typ I Genoms.
Das ca. 8 kb lange Genom des BPV Typ I besteht aus acht verschiedenen Genen (E1, E2, E4, E5, E6, E6, L1, L2), welche in drei offenen Leseraster (ORF 1 bis 3) abgelesen werden und verschiedene Funktionen ausüben: 1) Transformation, 2) Replikation, 3) Transkription, 4) Virus-Freisetzung und 5) Aufbau Virushülle.[8,9]

*Einleitung und Theorie*

Aufgrund der besonderen medizinischen Relevanz ist der Ablauf der Virusinfektion eingehend bei humanen Papillomaviren untersucht worden. Die hierbei gewonnenen Erkenntnisse lassen sich aber weitgehend auch auf andere Papillomavirentypen übertragen. Der virale Lebenszyklus beginnt mit der über Clathrin-Vesikel vermittelten Infektion von epidermalen Stammzellen in der Basalschicht von Epithelien.[11] Da die Viren nicht die darüber liegenden, schützenden Hautschichten durchdringen können, kann die Infektion durch Papillomaviren nur über Verletzungen oder Risse dieser oberen Hautschichten erfolgen. Nach dem Zerfall der Virushülle innerhalb des Cytosols kommt es zum Transport des Virusgenoms in den Zellkern, wofür das L2-Capsidprotein notwendig ist.[12] Mit Hilfe der Virenproteine E1 und E2 wird das Virusgenom im Zuge der normalen zellulären DNA-Replikation während der S-Phase des Zellzyklus repliziert und in Form von Episomen an die sich teilenden Basalzellen weitergegeben.[10] Auf diese Weise beherbergt jede infizierte Zelle ca. 10 bis 200 Kopien des Virusgenoms.[13,14] Das E2-Protein ist ein DNA-Erkennungsprotein, welches an den Replikationsursprung bindet und dort mit dem E1-Protein, welches eine DNA-Helikase ist, einen Initiationskomplex für die Replikation bildet. An diesen Initiationskomplex lagern sich dann die Replikationsproteine der Zelle, wie beispielsweise die DNA-Polymerase α-Primase an.[15,16] Außerdem ist das E2-Protein als Transkriptionsfaktor für die Expression der anderen Gene in späteren Phasen verantwortlich. Während nicht infizierte Zellen normalerweise nach Abschluss des Zellteilung die Basalschicht verlassen und sich zu Keratinocyten bzw. Korneozyten der äußeren Epithelschichten differenzieren, unterdrücken infizierte Zellen diese Entwicklung und setzen den Zellzyklus fort.[17] Hierbei manipulieren die Viren den Zellzyklus der infizierten Zelle durch gezielte Wechselwirkung mit bestimmten zellulären Proteinen. E6 und E7 interagieren mit verschiedenen Tumor-Suppressor-Proteinen, welche den Zellzyklus repressiv regulieren. E6 inhibiert verschiedene Vertreter aus der Retinoblastoma (pRb)-Familie, während E7 p53 inaktiviert. Hierdurch kommt es zum Verlust der Zellzyklus-Kontrolle und schließlich zur unkontrollierten Proliferation. Außerdem verhindert E6 den Zelltod der infizierten Zelle durch Apoptose, welche normalerweise bei unplanmäßigen Ablauf des Zellzyklus eingeleitet wird.[10,18] Entsprechend werden beide Proteine als Haupt-Onkoproteine mit der Entstehung von Krebs in Zusammenhang gebracht. Neben der Inaktivierung von p53 und pRb kommt es außerdem zur Stimulation des Zellzyklus, welche über den epidermalen

*Einleitung und Theorie*

Wachstumsfaktor (EGF)-Rezeptor vermittelt wird. Der EGF-Rezeptor kommt in epidermalen Zellen vor und wird durch verschiedene Wachstumsfaktoren aus der EGF-Familie aktiviert. Zu einem anhaltenden Proliferationssignal kommt es durch die Wirkung des E5-Proteins, welches das „Recycling" des EGF-Rezeptors erhöht, so dass zwei- bis fünfmal mehr Rezeptormoleküle in der Membran vorkommen als in nicht-infizierten Zellen.[19] Im Gegensatz zu den humanen Papillomaviren aktiviert das E5-Protein aus dem Rinder-Papillomavirus den Blutplättchen-Wachstumsfaktor (PDGF)-Rezeptor β, wodurch Zellteilung und Wachstum stimuliert werden.[20] Im letzten Schritt des Viruszyklus werden die replizierten Virengenome in neue Viruspartikel verpackt. Hierzu akkumulieren sich L1- und L2-Moleküle und bilden schließlich neue Virushüllen, in welche die Genomkopien eingelagert werden.[21] Mit Erreichen der oberste Epithelschichten geben die infizierten Zellen schließlich die neu gebildeten Viruspartikel frei, so dass der Zyklus erneut ablaufen kann. Hierbei spielt wahrscheinlich das E4-Protein eine Rolle, welches das Keratin-Netzwerk der Keratinozyten abbauen kann, so dass es zu Lücken in der obersten Hornschicht der Haut kommt.[22,23] Auch *in vitro* führt die Infektion mit BPV zur morphologischen Transformation von Fibroblastenzellen.[24] Zellkultur-Assays werden deshalb oft als Modell benutzt, um die Auswirkung von E5 bzw. E5-Mutanten auf die Transformationsfähigkeit und somit die biologische Aktivität zu untersuchen.

### 1.1.2 Das E5-Onkoprotein aus dem Rinder-Papillomavirus Typ I

Das E5-Onkoprotein ist hauptverantwortlich für die Transformationsaktivität des Rinder-Papillomavirus Typ I.[25,26] Mit nur 44 Aminosäuren ist das E5-Protein eines der kleinsten transformierenden Onkoproteine überhaupt.[27] E5 interagiert hauptsächlich mit dem PDGF-Rezeptor β, welcher hierdurch konstitutiv aktiviert wird.[20,28] Weiterhin wechselwirkt E5 auch noch mit verschiedenen andere zellulären Proteinen, hierunter mit dem epidermalen Wachstumsfaktor (EGF)-Rezeptor und dem Kolonien stimulierenden Wachstumsfaktor (CSF)-1-Rezeptor, einem α-Adaptin-ähnlichen Protein, sowie der 16 kDa Untereinheit der vakuolaren $H^+$-ATPase.[29-34] Mittels Immunfluoreszenz-Mikroskopie wurde E5 hauptsächlich im Endoplasmatischen Retikulum (ER) und Golgi-Apparat sowie in geringem Maße auch in der Plasmamembran nachgewiesen.[35] Das E5-Protein nimmt hierbei eine Typ II Membranorientierung ein, so dass der C-Terminus ins Lumen des ER und Golgi-Apparats zeigt. In diesen Organellen kommt es auch zur Wechselwirkung

*Einleitung und Theorie*

zwischen E5 und dem noch nicht prozessierten Vorläufermolekülen des PDGF-Rezeptor β.[20] Tatsächlich scheinen diese Vorläufermoleküle, welchen noch verschiedene post-translationale Modifikationen fehlen, das eigentliche Hauptziel des E5-Proteins zu sein.[36]

Die Aminosäuresequenz von E5 kann prinzipiell in zwei funktionelle Bereiche unterteilt werden. Die Membran einfach durchspannende, N-terminale Transmembrandomäne (TMD) nimmt ⅔ des Proteins ein und besteht hauptsächlich aus hydrophoben Aminosäuren, während die kleinere extrazelluläre Domäne am C-Terminus eher aus hydrophilen Aminosäuren besteht (Abbildung 2).[37] Besonders bemerkenswert ist, dass die meisten Aminosäuren der TMD durch andere Aminosäuren ersetzt werden können so lange insgesamt die hydrophoben Eigenschaften des Proteins erhalten bleiben.[37-39] Selbst das Anhängen eines Epitop-Tags für die Antikörperdetektion oder eines zusätzlichen Dimerisierungsmotivs an den N-Terminus von E5 beeinflusst nicht die Funktion des Proteins.[32,40] Somit ist der hydrophobe Charakter von E5 ausschlaggebend für die biologische Funktion und nicht die spezifische Aminosäuresequenz des Proteins. Von besonderer Bedeutung hingegen ist Glutamin 17, die einzige polare Aminosäure der TMD, welche entscheidend für die Zelltransformation, Homodimerisierung und Komplexbildung mit dem PDGF-Rezeptor β zu sein scheint.[39,41,42] Glutamin 17 bildet hierbei wechselseitig Wasserstoffbrücken sowohl zum anderen Monomer des funktionellen E5-Dimers wie auch zu den Untereinheiten des Rezeptors aus. Während einzelne Wasserstoffbrücken in löslichen Proteinen nur eine untergeordnete Rolle spielen, ist die Ausbildung solcher Wasserstoffbrücken innerhalb der hydrophoben Umgebung der Lipiddoppelschicht eine bedeutende Triebkraft bei der direkten Wechselwirkung von Membranproteinen.[43] Entsprechend kann Glutamin 17 nur gegen solche Aminosäuren ausgetauscht werden, welche ebenfalls in der Lage sind Wasserstoffbrücken auszubilden. Unter den 44 Aminosäuren von E5 sind insgesamt nur acht Aminosäuren konserviert, hierunter Glutamin 17, sowie sieben der C-terminalen Aminosäuren, inklusive der beiden Cysteine an Position 37 und 39, von denen angenommen wird, dass sie eine kovalente Homodimerisierung von E5 vermitteln (Abbildung 2).[37]

*Einleitung und Theorie*

```
      1         10        20          30        40
                          *         ****  * * *
NH₂ - MPNLWFLLFLGLVAAMQLLLLLFLLLFFLVYWDHFECSCTGLPF - COOH
```

Abbildung 2: Aminosäuresequenz des E5-Wildtyp Proteins.

Das E5-Wildtyp Protein besteht insgesamt aus 44 Aminosäuren. Für den Bereich zwischen Phenylalanin 9 und Histidin 34 (hinterlegt) wurde eine helikale Sekundärstruktur ermittelt.[44] Zwischen Leucin 7 und Leucin 29 wird die Transmembrandomäne mittels verschiedener Programme (SOSUI, TMHMM) vorhergesagt (unterstrichen). Konservierte Aminosäuren sind mit * markiert.[37]

Strukturuntersuchungen mittels Infrarot (IR)- und Circulardichroismus (CD)- Spektroskopie haben gezeigt, dass E5 eine helikale Sekundärstruktur und eine transmembrane Orientierung hat.[41,44] Mit Moleküldynamik (MD)-Simulation konnten für das E5-Dimer zwei verschiedene, aber energetisch ähnliche Strukturen gefunden werden.[41] In diesen bilden die beiden Untereinheiten des E5-Dimers eine parallele, linksgängige Coiled Coil-Struktur aus (Abbildung 3a). Hierbei kommt es zu hydrophoben Wechselwirkungen zwischen den Seitenketten der Leucine, welche entlang des Dimer-Interfaces verteilt vorkommen, so dass eine Leucin-Zipper ähnliche Struktur entsteht (Abbildung 3c). Hauptunterschied zwischen beiden Strukturen ist die Lage der Seitenkette von Glutamin 17. In einer Struktur zeigt die Seitenkette weg vom Dimer-Interface, während in der zweiten Struktur (Cluster 2 in [41]) diese Seitenkette am Dimer-Interface beteiligt ist. Hierbei bilden sich drei interhelikale Wasserstoffbrücken aus, zwei zum Glutamin der jeweils anderen Helix und eine zur Hauptkette von Alanin 14 (Abbildung 3b). Anhand von biologischen Tests konnte gezeigt werden, dass nur in dieser Anordnung der beiden Helices E5 biologisch aktiv ist, während es bei allen anderen Anordnungen der beiden Helices zueinander zum Funktionsverlust kommt.[40] Weiterhin konnte auch gezeigt werden, dass eine E5-Mutante ohne Cysteine immerhin ca. 70 bis 75% Aktivität im Vergleich zum Wildtyp hat, wenn die Transmembrandomänen in dieser Konfiguration zueinander angeordnet sind und die Dimerbildung durch ein anderes Dimerisierungsmotiv vermittelt wird. Neue Untersuchungen lassen vermuten, dass die TMD alleine ausreichend für eine nicht-kovalente Dimerisierung von E5 ist.[44] Diese nicht-kovalenten Dimere, welche ausschließlich über die hydrophoben Wechselwirkungen und interhelikalen Wasserstoffbrücken im Dimer-Interface stabilisiert werden, stellten sich sogar als äußerst temperaturstabil und resistent gegenüber der denaturierenden Wirkung von SDS heraus. Die freie

*Einleitung und Theorie*

Dissoziationsenergie der Homodimere hat in eine ähnliche Größenordnung wie sie auch für andere helikale Transmembrandomänen mit starken hydrophoben Wechselwirkungen beobachtet worden sind, wie beispielsweise bei der Dimerisierung von Glycophorin A, einem Protein in der Erythrozytenmembran, welches ebenfalls ausschließlich über nicht-kovalente Wechselwirkungen dimerisiert.[45]

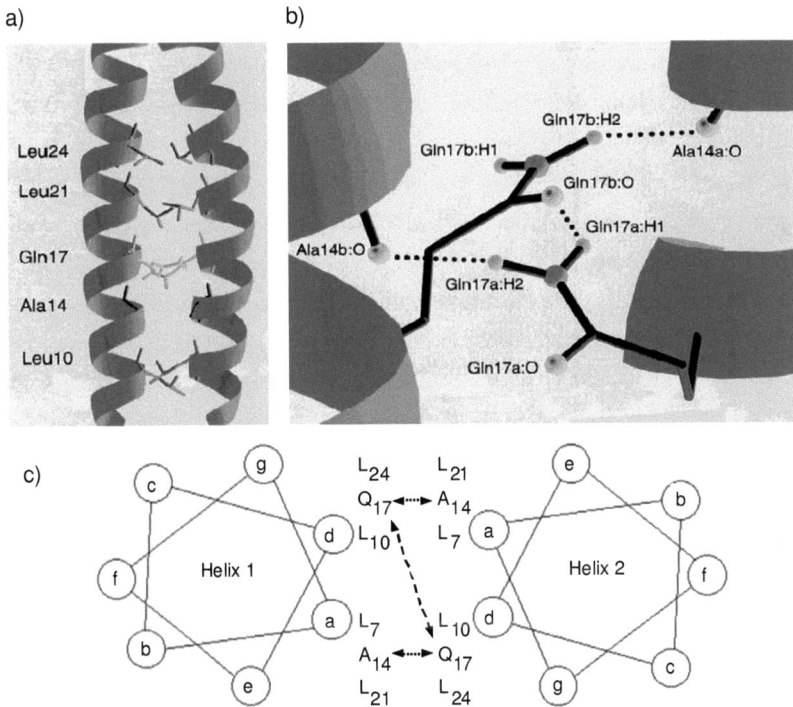

Abbildung 3: Interface des E5-Dimers.
a) Zwei E5-Proteine lagern sich zu einem Homodimer zusammen. Das Dimer-Interface wird durch hydrophobe Wechselwirkungen einer Leucin-Zipper ähnlichen Struktur stabilisiert. b) Zusätzlich stabilisieren interhelikale Wasserstoffbrücken zwischen Glutamin 17 der benachbarten Helices sowie jeweils zu Alanin 14 das E5-Dimer. c) Anordnung der Aminosäuren im Bereich des Dimer-Interfaces in einer Heptadstruktur. In dieser Anordnung liegen in Position a und d verschiedene Leucine, sowie die an interhelikalen Wasserstoffbrücken (Pfeile) beteiligten Aminosäuren Alanin 14 und Glutamin 17.
Quelle: a) Abbildung 6B aus [41], modifiziert übernommen, b) Abbildung 7 aus [41], modifiziert übernommen.

*Einleitung und Theorie*

## 1.1.3 Das E5-Protein und der PDGF-Rezeptor β

Der „platelet-derived growth factor" bzw. Blutplättchen-Wachstumsfaktor (PDGF)-Rezeptor β ist ein Zelloberflächenrezeptor aus der Familie der Rezeptor-Tyrosinkinasen (RTK), zu welchen auch verschiedene andere Wachstumsfaktor-Rezeptoren, wie beispielsweise der Fibroblastenwachstumsfaktor (FGF)-Rezeptor, der EGF- oder der PDGF-Rezeptor α gehören.[46,47] Im Allgemeinen bestehen RTK aus einer großen extrazellulären Domäne, welche 1 bis 7 Immunglobulin-ähnliche Subdomänen hat und als Ligandenbindestelle wirkt, einer kurzen, die Membran einfach durchspannende Transmembranhelix sowie der cytosolischen Proteinkinasedomäne. Bei Bindung des Liganden kommt es zur Rezeptor-Dimerisierung, wodurch die intrinsische Enzymaktivität der Proteinkinasedomäne stark erhöht wird. Dies führt zur gegenseitigen *trans*-Autophosphorylierung bestimmter Tyrosinreste in den cytosolischen Domänen der Rezeptormoleküle, wodurch Bindestellen für SH2-Domänen-haltige Signaltransduktionsmoleküle geschaffen werden, welche reversibel binden und das extrazelluläre Signal über nachgeschaltete Signalkaskaden in den Zellkern leiten. Dies führt zur Expression verschiedener Gene, wodurch es schließlich zur Änderung der physiologischen Aktivität kommt. Die durch RTK übertragenen Signale sind an zahlreichen zellulären Prozessen, wie Zellzyklus, Wachstum und Differenzierung beteiligt.

Der natürliche Ligand des PDGF-Rezeptor β ist der mitogene Wachstumsfaktor PDGF, welcher in den vier verschiedenen Isoformen A bis D vorkommt. PDGF spielt bei der Embryogenese, Zellproliferation und Migration, Wundheilung und Angiogenese eine wichtige Rolle.[48] Jeweils zwei Isoformen bilden ein Disulfidverbrücktes Homo- oder Heterodimer, wobei der PDGF-Rezeptor β nur durch das BB-Homodimer aktiviert werden kann.[49] Die Bindung von PDGF-BB an die extrazelluläre Domäne führt zur Dimerisierung zweier Rezeptormoleküle, wechselseitiger Phosphorylierung und Aktivierung intrazellulärer Signalkaskaden, wie beispielsweise dem Phosphoinositid (PI)-3-Kinaseweg.[48]

Das E5-Protein kann mit dem Rezeptor ebenfalls einen konstitutiv aktiven Komplex bilden, wodurch es zur viralen Transformation der infizierten Zellen kommt.[20,36,50-53] Anhand von Rezeptor-Deletionsmutanten, welchen die extrazellulären Ligandenbindestellen fehlten, konnte gezeigt werden, dass E5 den PDGF-Rezeptor β unabhängig vom natürlichen Liganden binden und aktivieren kann.[30] Hierbei wird angenommen, dass das E5-Dimer als eine Art molekulares Gerüst wirkt, welches

*Einleitung und Theorie*

zwei Rezeptormoleküle durch direkte Interaktion in räumliche Nähe zueinander bringt, so dass es zur wechselseitigen Phosphorylierung der cytosolischen Domänen des Rezeptors und Aktivierung der Signaltransduktion kommt.[41] Der E5-Rezeptor-Komplex wird durch zwei spezifische Wechselwirkungen stabilisiert: 1) elektrostatische Anziehung zwischen den verschieden geladenen Aminosäuren Asparaginsäure 33 von E5 und Lysin 499 im Juxtamembranbereich des Rezeptors und 2) durch eine Wasserstoffbrücke zwischen Glutamin 17 von E5 und Threonin 513 in der Transmembrandomäne des Rezeptors (Abbildung 4).[52-54] Aufgrund dieser spezifischen Interaktionen kann E5 nur den PDGF-Rezeptor β aktivieren, während der verwandte PDGF-Rezeptor α durch das Fehlen der entsprechenden Aminosäuren nicht gebunden werden kann.[28,50] Entsprechend kann E5 bei Mutationen von Glutamin 17 und Asparaginsäure 33 bzw. Cystein 37 und 39 nicht den Rezeptor binden und aktivieren, wobei im Falle der beiden Cysteine die fehlende Dimerisierung der ausschlaggebende Punkt ist.[54,55] Ebenfalls kann auch keine Interaktion zwischen E5 und dem Rezeptor erfolgen, wenn Lysin 499 und Threonin 513 im Rezeptor mutiert sind.[56] Da Glutamin 17 und Asparaginsäure 33 aufgrund der helikalen Sekundärstruktur von E5 auf verschiedenen Helixseiten liegen, können die oben beschrieben interhelikalen Wechselwirkungen sich nicht gleichzeitig zum selben Rezeptormolekül ausbilden. Stattdessen kommt es zur elektrostatischen Wechselwirkung zwischen der Asparaginsäure von E5 und dem Lysin eines Rezeptormoleküls, während sich gleichzeitig die Wasserstoffbrücke zwischen dem Glutamin und dem Threonin des anderen Rezeptormoleküls ausbildet (Abbildung 4).[41] Diese angenommene *trans*-Geometrie erklärt auch, warum E5 nur als Dimer den Rezeptor aktivieren kann.

Einleitung und Theorie

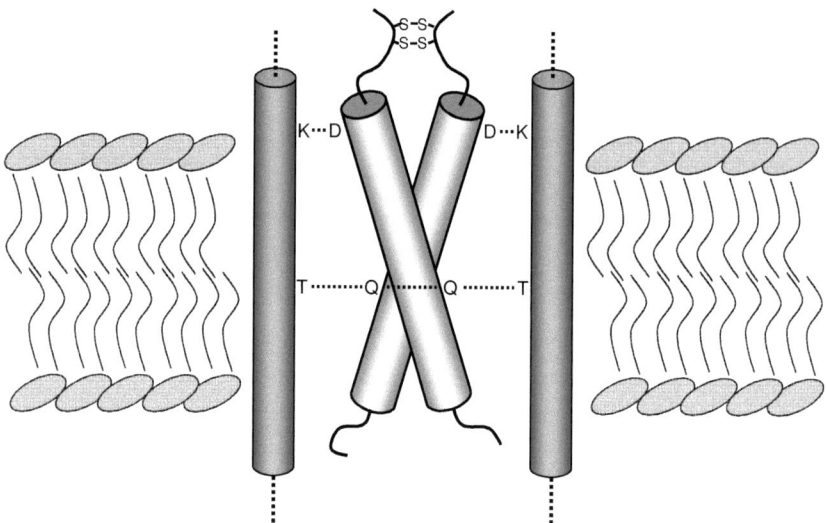

Abbildung 4: E5-PDGF-Rezeptor β Komplex.
Die Komplexbildung zwischen dem E5-Dimer (helle Zylinder) und den beiden Untereinheiten des PDGF-Rezeptor β (dunkle Zylinder) wird über spezifische Wechselwirkungen in Bereich der Transmembrandomänen und benachbarten Juxtamembran-Bereichen vermittelt.[57] Hierbei interagiert Glutamin 17 (Q) von E5 mit Threonin 513 (T) eines Rezeptormoleküls, während sich gleichzeitig eine elektrostatische Wechselwirkung zwischen Asparaginsäure 33 (D) von E5 und Lysin 499 (K) des anderen Rezeptormoleküls ausbildet.

*Einleitung und Theorie*

## 1.2 Strukturaufklärung von Membranproteinen

Schätzungsweise 20% bis 30% der ca. 25000 Gene des Menschen kodieren für Membranproteine.[58,59] Membranproteine nehmen zahlreiche wichtige Funktionen in der Zelle ein. Als Transporter und Kanalproteine regeln sie den Stoffaustausch zwischen dem Zellinneren und der Umgebung. Über Oberflächen-Rezeptoren, wie beispielsweise den oben erwähnten PDGF-Rezeptor β, werden extrazelluläre Signale erkannt und ins Zellinnere geleitet, wodurch dann bestimmte biologische Prozesse, wie Wachstum und Differenzierung, stimuliert werden. Hieran beteiligt sind oftmals membrangebundene Enzyme, welche durch das extrazelluläre Signal ihre enzymatische Aktivität entfalten und auf diese Weise eine intrazelluläre Signalkaskade aktivieren. Neben den regulatorischen und enzymatischen Funktionen haben Membranproteine auch wichtige strukturelle Aufgaben bei der Verankerung des Cytoskeletts und der extrazellulären Matrix sowie bei Zell-Zellkontakten. Angesichts der spezifischen Erkennung und Wechselwirkung mit anderen Molekülen hängt die Funktion eines Proteins maßgeblich von seiner dreidimensionalen Struktur ab. Diese genau festgelegte Struktur, welche durch die räumliche Anordnung der Aminosäurekette zustande kommt, ist die Voraussetzung dafür, dass ein Protein seine hochspezialisierte Aufgabe im Organismus ausführen kann. Umgekehrt lassen sich häufig Rückschlüsse auf die Funktion eines Proteins ziehen, wenn man seine räumliche Struktur kennt.

Trotz ihrer Bedeutung in zahlreichen Prozessen der Zelle konnte bislang nur von wenigen Membranproteinen die Struktur aufgeklärt werden, während die Anzahl der bekannten Strukturen löslicher Proteine rasant anwächst. Unter den aktuell ca. 53000 bekannten Proteinstrukturen, welche in der *Protein Data Bank* (PDB, http://www.rcsb.org) erfasst sind, befinden sich nur knapp 200 Membranproteine (aktueller Stand: http://blanco.biomol.uci.edu/Membrane_Proteins_xtal.html). Grund für die Diskrepanz zwischen der Anzahl der aufgeklärten Strukturen von löslichen Proteinen und Membranproteinen ist die vergleichsweise aufwendige Handhabung von Membranproteinen. Generell sind hydrophobe Membranproteine unlöslich in Wasser, weshalb sie ihre native Struktur verlieren und zur unspezifischen Aggregation neigen, sobald sie aus ihrer natürlichen Membranumgebung entfernt werden. Beides erschwert ihre Untersuchung mit den bisher gebräuchlichen strukturbiologischen Methoden, hierunter vor allem die Röntgenbeugungs-Kristallstrukturanalyse, welche die Methode der Wahl bei der Strukturaufklärung von

*Einleitung und Theorie*

organischen und bioorganischen Molekülen im Allgemeinen ist. Für die Strukturaufklärung mittels Röntgenbeugung werden Einkristalle benötigt. Die Herstellung dieser Kristalle ist nicht immer einfach und erfolgt oftmals empirisch. Besonders Membranproteine können aufgrund ihrer Hydrophobizität oftmals gar nicht kristallisiert werden.

Die hochauflösende Kernspinmagnetresonanz (NMR)-Spektroskopie stellt eine Alternative dar, welche diese Lücke schließen kann. Die Untersuchung von Proteinen mittels NMR ist im Vergleich zur Kristallstrukturanalyse zwar analytisch aufwendiger, hat aber den Vorteil die Strukturen unter mehr physiologischen Bedingungen untersuchen zu können. Daher sollten die ermittelten Strukturen den natürlichen Zuständen in der Zelle eher entsprechen als im Kristall, wo sich immer die Frage nach der Relevanz der Kristallstruktur als Grundlage für das Verständnis im nativen Zustand stellt. Weiterhin ist die NMR eine Methode, welche Untersuchungen der Dynamik von Molekülen sowie molekularer Wechselwirkungen von Protein-Ligand-Komplexen erlaubt. Deren Aufklärung ist unerlässlich für das Verständnis der molekularen Abläufe verschiedener biologischer Prozesse. Besonders für kleine membranständige Proteine und Peptide ist NMR geeignet, da hierbei die Struktur in membranimitierenden Umgebungen untersucht werden kann.

Für die Strukturaufklärung mittels Flüssigkeits-NMR werden die Membranproteine in organischen Lösungsmitteln, Detergenzmizellen oder anderen membranähnlichen Umgebungen rekonstituiert und mittels mehrdimensionaler Experimente untersucht. Die Strukturen kleiner Moleküle können oftmals durch homonukleare $^1$H-Messungen der Protonen-Protonen-Abstände bestimmt werden. Bei Proteinen über 10 kDa reicht dies aber alleine nicht mehr aus, weswegen uniforme Isotopenmarkierungen ($^{15}$N, $^{13}$C) und mehrdimensionale NMR-Experimente notwendig sind.[60-62] Das Basisexperiment der Proteinstrukturaufklärung mit Flüssigkeits-NMR ist das heteronukleare HSQC-Experiment, welches als „Fingerabdruck"-Spektrum charakteristisch für jedes Protein ist.[64] Anhand der Dispersion der $^{15}$N, $^1$H- bzw. $^{13}$C, $^1$H-Korrelationen kann abgeschätzt werden, ob ein Protein gefaltet ist. Aufgrund der hohen Sensitivität des HSQC-Experiments können auch kleinste Änderungen in der Struktur, z.B. durch Ligandenbindung oder Umfaltungen, anhand der Veränderungen der chemischen Verschiebungen untersucht werden. Im Zusammenspiel mit homonuklearen TOCSY-Experimenten können die vicinalen und geminalen J-Kopplungen aller verbundenen Protonen eines Spinsytems und somit die

*Einleitung und Theorie*

verschiedenen Aminosäuren zugeordnet werden. Die J-Kopplungen hängen außerdem auch wesentlich von den Bindungslängen, Bindungs- und Torsionswinkeln ab. Die Spinsysteme werden später über NOESY-Spektren miteinander verbunden, so dass miteinander verbundene Aminosäuren identifiziert werden können. Weiterhin können mit Hilfe des NOESY-Experiments Korrelationen über den Kern-Overhauser-Effekt (NOE) detektiert werden, so dass Abstände räumlich benachbarte Kerne (<5Å) erfasst werden können. Diese Informationen können dann genutzt werden um den möglichen Konformationsraum eines Proteins einzuschränken.

Die Festkörper-NMR-Spektroskopie eignet sich im Besonderen zur Untersuchung membranständiger Proteine, wobei die Sekundärstruktur, Orientierung und Dynamik diese Proteine in der natürlichen Umgebung der Lipiddoppelschicht bestimmt werden kann.[65] Um die Lage der Proteine in ihren Membranumgebungen zu bestimmen werden uniaxial orientierte Proben in Lipiddoppelschichten oder Lipid-Detergenz-Bizellen verwendet, wodurch eine Richtungsabhängigkeit der NMR-Messgrößen erzeugt wird. Während in Flüssigkeiten die chemische Verschiebung isotrop ausgemittelt wird, hängt im Festkörper die chemische Verschiebung stark von der Anisotropie ab. Die fehlende Ausmittlung der Anisotropie führt aber zu einer starken Linienverbreiterung, so dass es zu Überlappung der Signale kommt. Deswegen werden in Festkörper-Experimenten meist nur einzelne oder wenige Kerne betrachtet, wofür selektive Isotopenmarkierungen (z.B. $^2$H, $^{13}$C, $^{19}$F) notwendig sind. Neben der Strukturaufklärung kann die Festkörper-NMR auch zu Identifikation von Kontakten durch Abstandsmessungen genutzt werden. Weiterhin ist es möglich die Orientierung eines helikalen Segments relativ zur Membran durch Bestimmung des Neigungs- und Azimuthwinkels zu bestimmen. Hierzu wird oftmals das $^{15}$N-PISEMA-Experiment verwendet, in welchem anhand von Spin-Wechselwirkungen ($^{15}$N chemische Verschiebungsanisotropie, $^{15}$N-$^1$H-Dipolkopplungen) Informationen über die Orientierung von Proteinen in der Membran erhalten werden können.[66]

Eine weitere spektroskopische Methode, welche die Untersuchung von Membranproteinen in natürlichen Umgebungen erlaubt, ist die Circulardichroismus (CD)-Spektroskopie. Im Gegensatz zur Kristallstrukturanalyse oder NMR kann die CD-Spektroskopie aber keine molekularen Details auflösen. Die Stärke der CD-Spektroskopie liegt in der relativ schnellen und einfachen Anwendung, welche vor allem bei der systematischen Untersuchung von Biomolekülen, insbesondere von Proteinen und Nukleinsäuren, genutzt wird.[67-69] Mit Hilfe der CD-Spektroskopie

*Einleitung und Theorie*

können Informationen über die prozentuale Sekundärstruktur-Zusammensetzung von Proteinen in natürlichen Umgebungen gewonnen werden, ohne die Probe durch die Messung zu verändern.[70-72] Die CD-Spektroskopie kann auch genutzt werden um anhand von Konformationsänderungen Protein-Ligand-Wechselwirkungen, Faltungsvorgänge und Denaturierung von Proteinen zu untersuchen. In Kombination mit anderen Untersuchungsmethoden wie beispielsweise funktionellen Tests oder der Fluoreszenz- und Infrarotspektroskopie kann die CD-Spektroskopie helfen verschiedene Fragestellungen hinsichtlich der Abhängigkeit von Struktur und Funktion zu beantworten. Im Zusammenspiel mit der NMR-Spektroskopie wird die CD-Spektroskopie häufig vorab als Screening-Methode angewendet, um die korrekte Faltung der Proteine und erfolgreiche Rekonstitution in Lipiden und Detergenzien zu überprüfen. Auch für das Auffinden idealer Rekonstitutionsbedingungen, wie z.B. des optimalen pH-Werts, Salzgehalts, Peptid zu Lipid-Verhältnisses, Temperatur, Beschaffenheit der Umgebung und anderer Einflussgrößen, kann CD wertvolle Informationen liefern, welche schließlich für hochaufgelöste und Festkörper-NMR-Messungen genutzt werden können. Eine neuere Anwendung der CD-Spektroskopie ist die Orientierte CD-Spektroskopie, welche besonders für Membranproteine geeignet ist. Hierbei wird der Umstand genutzt, dass Lipide auf Trägermaterialien orientiert und die darin eingebetteten Proteine bezüglich ihrer Ausrichtung untersucht werden können.

*Einleitung und Theorie*

## 1.3 Theoretischer Hintergrund von CD und NMR

### 1.3.1 Circulardichroismus (CD)-Spektroskopie

Licht ist eine elektromagnetische Welle bestehend aus einer elektrischen und einer magnetischen Komponente, welche senkrecht zueinander und zur Ausbreitungsrichtung angeordnet sind. Unpolarisiertes Licht besteht aus einer statistischen Verteilung bzw. Überlagerung zahlreicher Einzelwellen unterschiedlicher Phasen und Schwingungsebenen, während polarisiertes Licht nur noch aus einer Einzelwelle mit einer bestimmten Schwingungsebene besteht.

CD-Spektroskopie nutzt linear polarisiertes Licht, welches durch Überlagerung zweier gegenläufiger, zirkular polarisierter Strahlen gleicher Frequenz und Phase entsteht. Beim Durchgang durch chirale Substanzen wirken auf linear polarisiertes Licht zwei verschiedene physikalische Phänomene. Durch die optische Aktivität dieser Substanzen kommt es zur Drehung der optischen Achse, worauf die Optische Rotationsdispersion (ORD) beruht. Circulardichroismus hingegen basiert auf der unterschiedlichen Absorption der links ($E_L$) bzw. rechts zirkular polarisierten Komponente ($E_R$) des linear polarisierten Lichts (Abbildung 5). Durch Überlagerung der unterschiedlich absorbierten links bzw. rechts zirkular polarisierten Komponenten wird das Licht durch die Probe elliptisch polarisiert. Positive CD-Signale entstehen wenn die links polarisierte Komponente stärker absorbiert wird, negative Signale entsprechend wenn die rechts polarisierte Komponente stärker absorbiert wird. Die Messgröße der CD-Spektroskopie ist die Absorptionsdifferenz aus links und rechts zirkular polarisierten Licht.[73]

Einleitung und Theorie

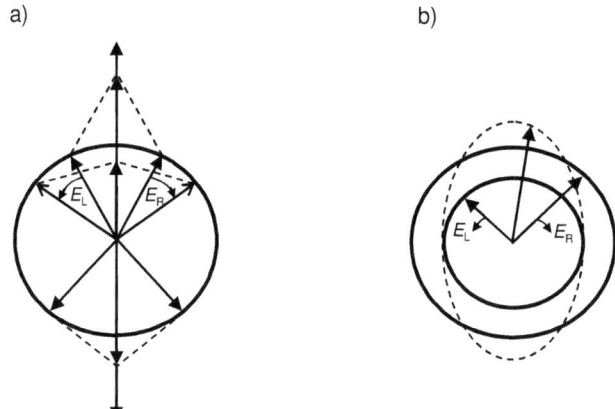

Abbildung 5: Linear und elliptisch polarisiertes Licht.
Beim Durchtritt durch chirale Substanzen kommt es zur unterschiedlichen Absorption der links ($E_L$) bzw. rechts ($E_R$) zirkular polarisierten Komponenten des linear polarisierten Lichts (a), wodurch elliptisch polarisiertes Licht (b) entsteht.[68]

Um das CD-Signal einer chiralen Probe messen zu können, ist es notwendig, dass sich ein Chromophor in der Nähe des Chiralitätszentrums befindet, was bei Proteinen durch die Peptidbindungen des Proteinrückgrats gegeben ist. Die CD-Messung erfolgt im Wellenlängenbereich zwischen 180 nm und 300 nm, wo charakteristische Absorptionsbanden der verschiedenen Sekundärstrukturelemente sowie in geringem Maße auch der Disulfidbrücken (um ca. 240 nm) auftreten. Im so genannten Fern-UV-Bereich zwischen 180 bis 260 nm werden die Bindungselektronen der Peptidbindungen angeregt, so dass es zu n-π* bzw. π-π*-Übergängen kommt, wodurch spezifische CD-Spektren für die verschiedenen Proteinsekundärstrukturen erzeugt werden. Durch Anregung der nicht-bindenden π-Elektronen des Peptidchromophors sowie der ungepaarten Elektronen des Sauerstoffs jeweils in anti-bindende π-Orbitale (π*) kommt es zu den intensiven CD-Banden bei 193 nm und 205 nm, während durch den n-π*-Übergang die negative CD-Bande bei 222 nm erzeugt wird (Abbildung 6). Zusätzlich können im Nah-UV-Bereich zwischen 260 – 320 nm Informationen über die Tertiärstruktur gewonnen werden. Hier absorbieren die aromatischen Aminosäuren Phenylalanin (250 – 260 nm), Tyrosin (275 – 285 nm) und Tryptophan (280 – 305 nm).

*Einleitung und Theorie*

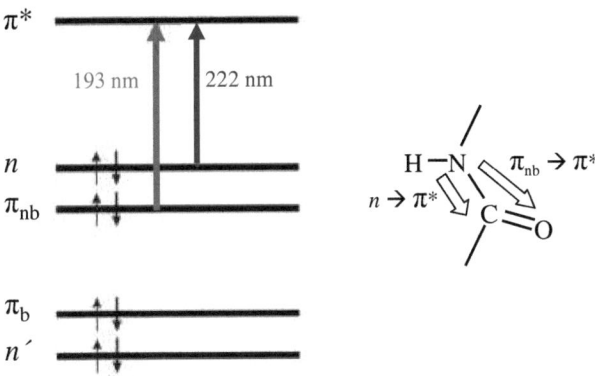

Abbildung 6: Elektronische Übergänge in der CD-Spektroskopie.

In der CD-Spektroskopie spielen vor allem die Elektronenübergänge der Peptidbindung ($\pi_{nb}$->$\pi^*$) und des ungepaarten Elektronenpaars des Sauerstoffs (n->$\pi^*$) eine Rolle. Die gezeigten Energieniveaus entsprechen bindenden ($\pi_b$), nicht-bindenden ($\pi_{nb}$) und antibindenden ($\pi^*$) Molekülorbitalen sowie dem ungepaarten Elektronenpaar des Sauerstoffs (n und n´).[74]

Um die fraktionalen Anteile der verschiedenen Sekundärstrukturelemente in einem Protein zu erhalten, muss das gemessene CD-Spektrum dekonvolutiert werden. Ein CD-Spektrum sollte idealerweise eine Linearkombination von Spektren der reinen Sekundärstrukturen sein, die entsprechend ihres Anteils an der Proteinstruktur gewichtet sind (Abbildung 7). Hierzu wurden verschiedene rechnerische Methoden entwickelt, die sich vor allem in den verwendeten Basisspektren unterscheiden. Beispielsweise wurden anfangs als Basissatz die CD-Spektren synthetischer Homo-Polypeptide, welche nur eine bestimmte Konformation einnehmen, genutzt. In der Praxis zeigte sich aber, dass diese Basisspektren nur begrenzt verwendet werden können, da insbesondere die Spektren von α-Helices sehr stark von der Länge der Helix abhängen und für π-Helix, β-Faltblatt und β-turn, sowie für unstrukturierte Elemente, keine geeigneten Polypeptidmodelle existieren. Neuere Methoden hingegen basieren auf der Verwendung eines Referenzdatensatzes von nativen Vergleichsproteinen, deren Sekundärstrukturzusammensetzungen durch andere Methoden der Strukturaufklärung wie Röntgenstrukturanalysen oder NMR-Untersuchungen ermittelt wurden. Durch Messung der entsprechenden CD-Referenzspektren lassen sich die Basisspektren für die verschiedenen Sekundärstrukturelemente mittels mathematischer Algorithmen berechnen. Aufgrund

*Einleitung und Theorie*

der fehlenden atomaren Auflösung ist es im Gegensatz zu anderen, hochauflösenden Methoden wie NMR oder Röntgenbeugung aber nicht möglich die ermittelten Sekundärstrukturelemente zu bestimmten Bereichen oder Aminosäuren des Proteins zuzuordnen. Somit können nur globale Aussagen über die Sekundärstrukturanteile getroffen werden.

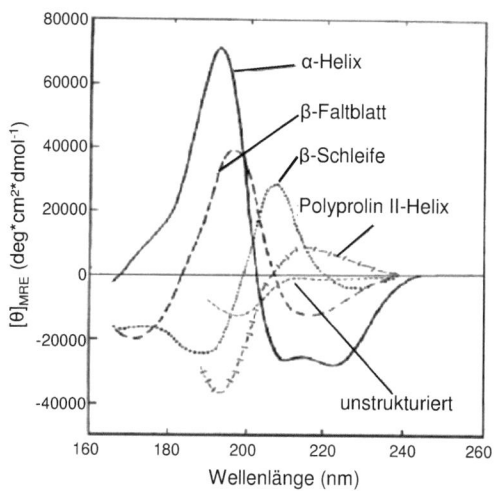

Abbildung 7: CD-Basisspektren der reinen Proteinsekundärstrukturen. Jedes Sekundärstrukturelement eines Proteins besitzt ein charakteristisches CD-Basisspektrum.[68]

## 1.3.2 Orientierte CD-Spektroskopie (OCD)

Basierend auf der CD-Spektroskopie kann die Orientierte CD (OCD)-Spektroskopie genutzt werden, um die Ausrichtung helikaler Polypeptide in orientierten Membranen zu bestimmen.[75] Hierbei kommt es in Abhängigkeit der Orientierung zur Wechselwirkung zwischen den Übergangsdipolmomenten der Peptidbindungen und dem zirkular polarisierten Licht. Bei den entsprechenden π-π*-Übergängen kommt es zu einer dreifachen Aufspaltung der Energieniveaus, wobei jedem Übergang ein bestimmtes Übergangsdipolmoment zugeordnet werden kann. Einer der Übergänge liegt parallel zur Helixachse, während die anderen beiden Übergänge senkrecht dazu liegen. Liegt das zu untersuchende α-helikale Protein parallel zur Membran-

*Einleitung und Theorie*

oberfläche, und somit senkrecht zum einfallenden Licht, kommt es zu einer starken Wechselwirkung zwischen dem ersten π-π*-Übergang und dem elektrischen Feld des Lichts, so dass eine negative Bande bei ca. 207 nm entsteht (Abbildung 8). Die anderen beiden π-π*-Übergänge können nicht unterschieden werden und bilden eine positive Bande um ca. 190 nm. Weiterhin kommt es bei der parallelen Orientierung durch die n-π*-Übergänge noch zu einer negativen Bande bei 222 nm.

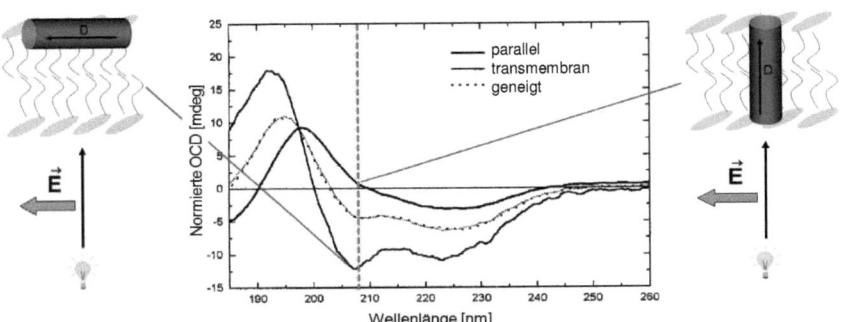

Abbildung 8: OCD-Spektroskopie.
Darstellung der OCD Spektren von helikalen Membranproteinen mit transmembraner, schräger und parallel zur Membranoberfläche verlaufender Orientierung. Die Intensität der CD-Banden bei ca. 207 nm kann als „Fingerabdruck" für die Orientierung der helikalen Proteine genutzt werden. Je nach Orientierung kommt es zur Wechselwirkung zwischen dem Übergangsdipolmoment (D) des helikalen Proteins und dem elektrischen Feldvektor (E) des Lichts.[76]

Je stärker die Orientierung des Moleküls von der parallel zur Membranoberfläche verlaufenden Ausrichtung abweicht, desto geringer werden die beschriebenen Wechselwirkungen, wodurch die Intensität der negativen Bande bei 207 nm abnimmt, bis bei einer vollkommen senkrechten Orientierung diese nicht mehr vorhanden sind. Somit kann leicht anhand der „Fingerabdruck"-Region um ca. 207 nm die Orientierung eines α-helikalen Proteins in orientierten Lipidmembranen abgelesen werden. Die quantitative Auswertung der OCD-Spektren erfolgt entsprechend der CD-Spektroskopie anhand von Referenzproteinen mit bekannter Orientierung. Die OCD-Spektroskopie liefert hierbei die gemittelte Summe aus allen vorhandenen Orientierungen einer Probe, weswegen zwischen gleichzeitig auftretenden verschiedenen Orientierungen nicht unterschieden werden kann.

*Einleitung und Theorie*

## 1.3.3 Kernspinmagnetresonanz (NMR)-Spektroskopie

Die Kernspinmagnetresonanz-Spektroskopie basiert darauf, dass Atomkerne in Abhängigkeit ihrer Ladung und Masse einen bestimmten Eigendrehimpuls haben.[62,63] In der klassischen Vorstellungsweise besitzt der Atomkern einen Kernspin I, welcher als gequantelte Größe nur bestimmte Werte einnehmen kann. Hierbei wird ein magnetisches Moment $\mu$ erzeugt, welches vom Drehimpuls p abhängt:

$$\mu = \gamma * p \quad \text{bzw.} \quad \mu = \gamma * \sqrt{I(I+1)} * \hbar$$

Hierbei ist $\gamma$ das gyromagnetische Verhältnis, welches für jeden Kern einen spezifischen Wert aufweist und $\hbar$ ist das Plancksche Wirkungsquantum. Je größer der Wert von $\gamma$, desto höher ist die Nachweisempfindlichkeit des Kerns. Setzt man Atomkerne einem starken, äußeren Magnetfeld aus, können sich die Kernspins in Abhängigkeit des Magnetfelds im Raum unterschiedlich orientieren (während ohne Magnetfeld die Spins ohne Vorzugsrichtung unorientiert sind). Die Anzahl der möglichen Orientierungen hängt hierbei von der magnetischen Quantenzahl m ab, wobei m die Werte m = I, I-1, … -I annehmen kann, wodurch (2I + 1) verschiedene Orientierungen möglich sind. Die in der NMR-Spektroskopie von Biomolekülen gebräuchlichen Kerne $^1H$, $^{13}C$, $^{15}N$, $^{31}P$ und $^{19}F$ haben alle einen Kernspin von ½, wodurch sich die Kerne im Magnetfeld entsprechend in zwei verschiedenen Orientierungen ausrichten können (Abbildung 9a). Die Hauptquantenzahl m = + ½ beschreibt hierbei einen Kernspin, welcher sich parallel zum Magnetfeld ausgerichtet hat (α-Spin), während bei m = -½ eine antiparallele Orientierung vorliegt (β-Spin). Die Kernspins präzedieren hierbei um die Magnetfeldachse. Entsprechend haben die beiden Orientierungen auch unterschiedliche Energieniveaus (Kern-Zeemann-Niveaus), welche in Abhängigkeit der Magnetfeldstärke weiter oder enger bei einander liegen (Abbildung 9b). Generell hat hierbei der parallel zum Magnetfeld ausgerichtete α-Spin einen niedrigeren Energieinhalt als der antiparallele β-Spin.

*Einleitung und Theorie*

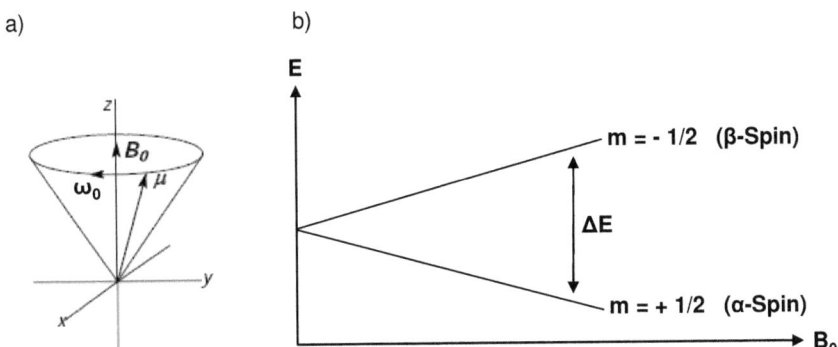

Abbildung 9: Kernspin und Energieniveaus.
a) Präzession für Kerne mit Spin I = ½ und der Lamor-Frequenz $\omega_0$. b) Aufspaltung der Energieniveaus der Kernspins für I = ½ in Abhängigkeit von der Stärke des äußeren Magnetfelds $B_0$.

Die Energie der verschiedenen Niveaus hängt neben der Stärke von $B_0$ auch vom gyromagnetischen Verhältnis ab. Der Energieunterschied $\Delta E$ zwischen den beiden Energieniveaus kann durch folgende Formel ausgedrückt werden, wobei $\omega_0$ die Lamor-Frequenz ist:

$$\Delta E = \gamma * \hbar * B_0 = \hbar * \omega_0$$

Der Übergang aus dem energieärmeren α-Zustand in den energiereicheren β-Zustand kann somit nur unter Resonanzbedingungen erfolgen, d.h. wenn Energie mit der entsprechenden Frequenz eingestrahlt wird. Je größer hierbei die Energiedifferenz zwischen dem energieärmeren und energiereichen Niveau ist, desto mehr Kerne befinden sich gemäß der Boltzmann-Verteilung im energieärmeren Zustand und desto mehr Kerne können bei Einstrahlung der Resonanzfrequenz angeregt werden. Diese Übergänge können während der NMR-Messung als Signal registriert werden. Der Besetzungsunterschied zwischen α- und β-Zustand kann mit Hilfe der Boltzmann-Verteilung beschrieben werden:

$$N_\alpha/N_\beta = e^{-\Delta E/kT} = e^{-\gamma \hbar B/(kT)}$$

Hierbei beschreibt N die Anzahl der Spins im α- bzw. β-Zustand, k ist die Boltzmann-Konstante, T die absolute Temperatur und B das angelegte Magnetfeld. Aufgrund der Energiedifferenz werden die energieärmeren Zustände bevorzugt besetzt, allerdings ist diese Bevorzugung wegen der insgesamt nur kleinen Energiedifferenz gering. Dieser geringe Überschuss der energieärmeren Spins im α-Zustand bedingt,

*Einleitung und Theorie*

dass die NMR-Spektroskopie im Vergleich zu anderen spektroskopischen Methoden sehr unempfindlich ist. Trotzdem entsteht durch den Überschuss an α-Spins eine schwache makroskopische Magnetisierung in Feldrichtung, welche als $M_0$ bezeichnet wird (Abbildung 10).

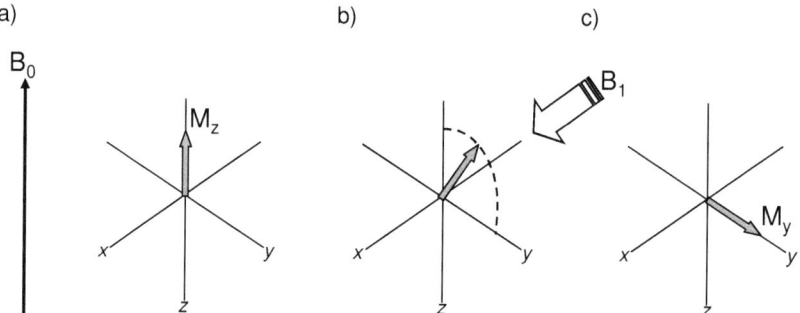

Abbildung 10: Längs- und Quermagnetisierung.
a) Durch den Überschuss an α-Spins entsteht eine makroskopische Magnetisierung $M_z$ parallel zu $B_0$. b) Durch Einwirken eines Hochfrequenzimpulses $B_1$ in x-Richtung (Pfeil) kommt es zum Umklappen von $M_z$ in die xy-Ebene. Hierbei wechselwirkt der magnetische Feldvektor des Impulses mit den magnetischen Momenten der Kernspins. c) Nach dem Umklappen hat sich eine Quermagnetisierung $M_y$ in y-Richtung etabliert.

Um NMR-Übergänge anzuregen, d.h. Spins aus den energieärmeren in den energiereicheren Zustand anzuheben, lässt man ein Zusatzmagnetfeld $B_1$, dessen magnetische Komponente mit der Lamor-Frequenz oszilliert in Form eines Hochfrequenzpulses in x-Richtung auf die Substanzprobe einwirken. Hierbei tritt die magnetische Komponente der elektromagnetischen Welle in Wechselwirkung mit den magnetischen Momenten der Kernspins, wodurch der Magnetisierungsvektor $M_0$ von der z-Achse auf die xy-Ebene gedreht wird, so dass eine Quermagnetisierung $M_y$ entsteht. Der Betrag des Umklappens von $M_0$ in die xy-Ebene wird durch den Impulswinkel θ beschrieben:

$$\theta = \gamma * B_1 * \tau$$

Hierbei beschreibt τ die Impulslänge und $B_1$ die Stärke des angelegten oszillierenden Zusatzfelds. Je länger also das Zusatzfeld wirkt und je stärker das Feld ist, desto weiter wird $M_0$ ausgelenkt, wobei für die NMR-Spektroskopie Winkel von 90° und 180° von Bedeutung sind. Durch das Umklappen von $M_0$ auf die xy-Ebene liegt keine

*Einleitung und Theorie*

Magnetisierung mehr entlang der Hauptmagnetfeldes $B_0$ vor. Somit hat sich der Besetzungsunterschied zwischen den beiden Zeeman-Niveaus ausgeglichen. Durch die Einwirkung des $B_1$-Feldes präzediert ein Teil der Kernspins kurzzeitig gebündelt in Phase (Abbildung 11). Durch diese Phasenkohärenz entsteht die Quermagnetisierung $M_y$ entlang der y-Achse welche als NMR-Signal detektiert werden kann.

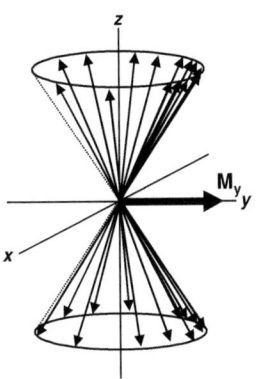

Abbildung 11: Quermagnetisierung und Phasenkohärenz.
Durch den elektromagnetischen Impuls $B_1$ präzedieren einige Spins (Pfeile) miteinander in Phase, wodurch die makroskopische Quermagnetisierung $M_y$ entsteht.

Das effektive Magnetfeld $B_{eff}$ am Kernort weicht meist geringfügig vom äußeren Magnetfeld $B_0$ ab. Verantwortlich hierfür sind benachbarte Elektronen und andere Atomkerne, welche sich verstärkend oder abschirmend auf das Magnetfeld am Kernort auswirken:

$$B_{eff} = B_0 - \sigma B_0$$

Die Abschirmkonstante $\sigma$ ist zwar gering, aber ausreichend groß für einen messbaren Unterschied. Entsprechend hat dies auch Auswirkungen auf die Lamor-Frequenz, welche für unterschiedliche Kerne leicht verschoben ist.

*Einleitung und Theorie*

Dieser signifikante Effekt führt zu Verschiebungen in den NMR-Spektren und wird als chemische Verschiebung δ bezeichnet, welche eine dimensionslose Einheit ist und in Bezug auf eine Referenzsubstanz ausgedrückt wird:

$$\delta = \frac{\omega_{Signal} - \omega_{Referenz}}{\omega_{Referenz}} * 10^6 \text{ ppm}$$

Anhand der chemischen Verschiebungen ist es möglich Aussagen über die chemische Umgebung eines Kerns zu machen, wodurch Rückschlüsse auf die Struktur gewonnen werden können.

Eine weitere wichtige Einflussgröße neben der chemischen Verschiebung sind Spin-Spin-Kopplungen, welche charakteristische Feinstrukturen im Spektrum verursachen. Es gibt zwei wichtige Paarwechselwirkungen, welche in der Protein-NMR eine besondere Rolle spielen. Die skalare, durch die Bindung wirkende und über Elektronen vermittelte Spin-Spin-Wechselwirkung (J-Kopplung oder indirekte Kopplung) und die durch den Raum wirkende magnetische Dipol-Dipol-Wechselwirkung. Durch skalare Kopplungen werden Magnetisierungen zwischen kovalent verbundenen Kernen ausgetauscht, wodurch es zu einer charakteristischen Aufspaltung der Resonanzen im NMR-Spektrum kommt. Ein messbarer Magnetisierungstransfer kann sich typischerweise über drei Bindungen erstrecken, wobei die Übertragung anhand der Bindungselektronen erfolgt. Durch die Kopplungen wird das am Kernort effektiv wirkende Magnetfeld verstärkt oder abgeschwächt, wodurch sich entsprechend die Resonanzbedingungen ändern. Diese Kopplung von Atomkernen über kovalente Bindungen erlaubt es, die Magnetisierung gezielt von einem Atomkern auf einen anderen zu übertragen, was vor allem in der Flüssigkeits-NMR bei der Aufklärung von Molekülstrukturen verwendet wird. Direkte Dipol-Dipol-Kopplungen hingegen wirken über den Raum und verändern hierdurch das Magnetfeld am Kernort.

*Einleitung und Theorie*

## 1.3.4 Das HSQC-Experiment

Organische Moleküle wie Proteine, Lipide und Nukleinsäuren bestehen hauptsächlich aus den Isotopen Wasserstoff ($^1$H), Kohlenstoff ($^{12}$C), Stickstoff ($^{14}$N) und Sauerstoff ($^{16}$O). Da $^{12}$C und $^{16}$O keinen Kernspin haben und $^{14}$N eine Kernspin-Quantenzahl von 1 hat, können diese Isotope nicht für die Strukturaufklärung mittels NMR verwendet werden. Für die NMR-Strukturaufklärung müssen deshalb Proteine mit den Isotopen $^{15}$N und $^{13}$C, welche beide einen Kernspin von I=½ haben, angereichert werden. Aufgrund der geringen Sensitivität unempfindlicher Kerne wie $^{15}$N oder $^{13}$C ist die Aufnahme entsprechender Spektren aber sehr zeitaufwendig. Durch Anwendung inverser heteronuklearer Messverfahren kann die Messzeit drastisch verkürzt werden.

Das zweidimensionale HSQC (Heteronuclear Single Quantum Coherence)-Experiment ist das Basisspektrum der Strukturaufklärung organischer Moleküle mittels hochauflösender Flüssigkeits-NMR.[64] Bei dieser Methode werden die chemischen Verschiebungen verschiedener über J-Kopplung miteinander verbundener Kerne korreliert um Informationen über die Struktur zu erhalten. Man nutzt hierbei die skalare $^1$J-Kopplung aus, da diese sehr stark ist und kaum von der chemischen Umgebung beeinflusst wird. Bei einem HSQC-Experiment wird der Magnetisierungspuls von den Protonen auf den unempfindlichen Kern ($^{13}$C oder $^{15}$N) übertragen, von wo aus schließlich die Magnetisierung zurück auf die Protonen transferiert und gemessen wird. Im Falle der $^1$H,$^{15}$N-Korrelation erhält man für jede Aminosäure eines Proteins ein Signal für das Stickstoffatom der Peptidbindung (mit Ausnahme der Aminosäure Prolin, welche durch das Fehlen eines Amid-Protons nicht detektierbar ist). Weiterhin ergeben auch die bei den Aminosäuren Arginin, Asparagin, Glutamin, Histidin, Lysin und Tryptophan in den Seitenketten vorkommenden Stickstoff-Atome jeweils Signale. Auf diese Weise wird das resultierende Spektrum im Vergleich zu reinen Protonen-Spektren stark vereinfacht, kann aber ohne weitere zusätzliche Experimente nicht alleine für die Strukturaufklärung genutzt werden, da keine Konnektivität über die $^1$J-Kopplung hinaus detektierbar ist. Bei der $^1$H,$^{13}$C-Korrelationen hingegen erhält man für jede Aminosäure eine Vielzahl von Signalen. Die Pulsfolge eines HSQC-Experiments ist in Abbildung 12 dargestellt und entspricht im Prinzip einem doppelten INEPT (Insensitive Nuclei Enhancement by Polarisation Transfer)-Experiment.[77] Im ersten Schritt erfolgt die Magnetisierung der Protonen gefolgt vom ersten INEPT-Schritt, in

*Einleitung und Theorie*

welchem die Magnetisierung von den Protonen auf den direkt gebundenen, unempfindlichen Heterokern übertragen wird. In der folgenden, inkrementierten t1-Zeit entwickelt sich dann die Magnetisierung am Heterokern. Protonen-Kopplung und chemische Verschiebungen werden durch einen 180° Puls in der Mitte der t1-Zeit unterdrückt. Am Beginn des zweiten, inversen INEPT-Schritts wird durch die simultanen 90°-Pulse bei beiden Kernen die Magnetisierung zurück auf die Protonen transferiert, wo schließlich die Detektion der Resonanzen unter Entkopplung des Heterokerns erfolgt. Im resultierenden HSQC-Spektrum wird die $^1$H-chemische Verschiebung (x-Achse) gegen die $^{13}$C- bzw. $^{15}$N-chemische Verschiebung (y-Achse) aufgetragen. Das Spektrum besteht somit aus einem $^1$H-NMR-Spektrum in der x-Achse und einem und einem breitbandentkoppelten $^{13}$C- bzw. $^{15}$N-NMR-Spektrum in der y-Achse. Anhand der Verteilung der Signale kann abgeschätzt werden, ob die Proteine eine spezifische Sekundärstruktur eingenommen haben, denn aggregierte Proteine führen zu einer Überlagerung der Signale und Linienverbreiterung. Zur Aufklärung der dreidimensionalen Struktur sind weiterführende Experimente notwendig, um die Konnektivität der Aminosäuren sowie Abstände über den Raum ermitteln zu können.

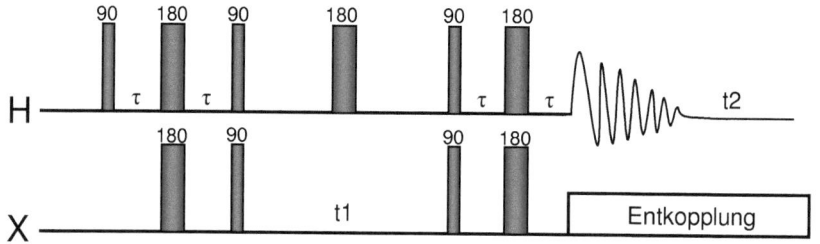

Abbildung 12: Pulsfolge eines HSQC-Experiments.
Als H wird der Protonenkanal und als X der Kanal des entsprechenden Heterokerns ($^{15}$N, $^{13}$C) bezeichnet. t1 ist die Evolutionszeit, in welcher sich die Magnetisierung am unempfindlichen Kern aufbaut. Die Detektion erfolgt während der t2-Zeit im Protonenkanal bei gleichzeitiger Entkopplung des Heterokerns. Als τ wird die spezifische Kopplungs-Verzögerungszeit zwischen den verschiedenen Pulsen bezeichnet.[64]

## 2 Aufgabenstellung

Das virale E5-Onkoprotein ist durch Bindung und Aktivierung des PDGF-Rezeptors β für die Transformation von Epithelzelle durch Rinder-Papillomaviren verantwortlich. Verschiedene Untersuchungen haben gezeigt, dass E5 nur als Homodimer seine volle biologische Funktion entfalten kann. Das E5-Protein trägt zwei potentielle Dimerisierungsmotive in sich: C-terminal befinden sich zwei Cysteine, welche eine kovalente Dimerisierung über Disulfidbrücken vermitteln können, während im helikalen Bereich der Transmembrandomäne eine Leucin-Zipper ähnliche Struktur vorliegt, welche eine nicht-kovalente Dimerisierung über spezifische Helix-Helix-Interaktionen vermitteln kann. Trotz zahlreicher Untersuchungen des E5-Proteins in den letzten drei Jahrzehnten ist bisher noch keine hochauflösende Struktur von E5 verfügbar, welche tiefere Einblicke in die molekularen Interaktionen bei der Dimerisierung von E5 bzw. der Komplexbildung mit dem PDGF-Rezeptor β geben könnte. In lediglich zwei Publikationen wurde die Struktur von E5 mit CD- und IR-Spektroskopie untersucht, wobei aber beide Methoden nur globale Informationen über die Sekundärstruktur liefern konnten.

Die vollständige Aufklärung der Struktur von E5 mit NMR-Methoden würde ein detailliertes Verständnis der Dimerisierung von E5 ermöglichen und die Rolle der Disulfidbrücken bzw. Helix-Helix-Interaktionen klären. Weiterhin würde eine dreidimensionale Struktur auch Einblicke liefern, wie das E5-Protein den Rezeptor unabhängig von seinem natürlichen Liganden aktivieren kann. Ein besonderes Verständnis dieser Prozesse sollte Rückschlüsse auf die molekularen Mechanismen ermöglichen, wie virale Proteine Rezeptoren im Allgemeinen manipulieren, welche dann als Ansatzpunkte für eine therapeutische Behandlung von Virusinfektionen bzw. durch virale Onkogene verursachten Krebs genutzt werden können.

Im Rahmen dieser Arbeit sollen die Grundlagen für die Aufklärung der Struktur des E5-Proteins geschaffen werden. Hierzu müssen Methoden der Herstellung und Aufreinigung ausreichender Mengen an Protein sowie Bedingungen für die Rekonstitution von E5 in membranähnlichen Umgebungen gefunden werden. Mit Hilfe von Circulardichroismus (CD)- und Kernspinmagnetresonanz (NMR)-Spektroskopie sollen ersten Strukturuntersuchungen durchgeführt werden, da beide Methoden eine Untersuchung in membranähnlichen Umgebungen erlauben und sich ergänzende Ergebnisse liefern.

*Aufgabenstellung*

Weiterhin soll im Rahmen der Arbeit die Rolle der Disulfidbrücken anhand verschiedener E5-Cystein-Mutanten im CSC-Sequenzmotiv eingehend untersucht werden. Durch Herstellung der beiden neuen Einfach-Cystein-Mutanten E5-ASC und E5-CSA, und über einen Vergleich mit dem Wildtyp-Protein sowie den beiden schon früher hergestellten Mutanten E5-ACA und E5-ASA, sollte nun eine detaillierte Untersuchung der Rolle der Disulfidbrücken bei der kovalenten Dimerisierung von E5 möglich sein. Insbesondere soll geklärt werden, ob die beiden Cysteine des E5-Proteins äquivalent sind oder ob die Position des Cysteins entscheidend für die kovalente Dimerisierung von E5 ist. Weiterhin soll untersucht werden, ob auch eine verschobene Position des Cysteins in der E5-Aminosäuresequenz eine kovalente Dimerisierung von E5 erlaubt. Anhand der Cystein-freien Mutante E5-ASA, welche eine monomere Version von E5 darstellt, soll untersucht werden, zu welchen Änderungen in der Struktur und Orientierung in der Membran es aufgrund der Dimerisierung von E5 kommt. Das Verhalten und die Strukturen sämtlicher Mutanten soll mittels CD und NMR untersucht und mit dem Wildtyp E5-Protein verglichen werden.

# 3 Material und Methoden

## 3.1 Materialien

Im Rahmen dieser Doktorarbeit wurden Chemikalien, Geräte und Materialien von folgenden Firmen verwendet.

### 3.1.1 Bakterienstämme

- *E. Coli* BL21(DE3) (Novagen)
- *E. Coli* BL21(DE3) pLysS (Novagen)
- *E.Coli XLI-Blue* (Novagen)

### 3.1.2 Chemikalien

- 2,2-Dimethyl-2-Silapentane-5-Sulfonsäure (Sigma-Aldrich)
- Acetonitril (Fisher Scientific)
- Acrylamid (AppliChem)
- Agar (Roth)
- Agarose (Sigma-Aldrich)
- Ameisensäure (Roth)
- Ammoniumchlorid (Fluka)
- Ammoniumchlorid $^{15}$N 99% (Spectra Stable Isotopes)
- Ammoniumpersulfat (Applichem)
- Ammoniumsulfat (Acros Organics)
- Ampicillin-Natriumsalz (Roth)
- Bactotrypton (Roth)
- Bromphenolblau (Merck)
- Calciumchlorid (Roth)
- Chloramphenicol (Fluka)
- Coomassie Brilliant Blue R250 (Sigma)
- Deoxycholsäure-Na-Salz (Roth)
- Deuterium Oxid $D_2O$ 99.9% (Sigma-Aldrich)
- Dihydroxybenzoesäure (Sigma-Aldrich)
- Dithiothreitol (AppliChem)
- Dinatriumhydrogenphosphat (AppliChem)

*Material und Methoden*

- Essigsäure (Roth)
- Ethanol (Merck)
- Glutardialdehyd (Roth)
- Glucose (Fluka)
- Glycerin (Roth)
- Guanidin Hydrochlorid (Roth)
- Hefeextrakt (Roth)
- Hydroxylamin (Sigma)
- Igepal CA-630 (Sigma)
- Imidazol (Roth)
- Isopropanol (Fisher Scientific)
- Isopropyl-$\beta$-D-thiogalacto-pyranosid (AppliChem)
- Kaliumdihydrogenphosphat (AppliChem)
- Lysozym (AppliChem)
- Magnesiumsulfat (Merck)
- Natriumazid (Roth)
- Natriumchlorid (Roth)
- Natriumhydroxid (Merck)
- Natriumphosphat (Fluka)
- Salzsäure (AppliChem)
- Tetramethyldiamin (Roth)
- Thiamin-Hydrochlorid (AppliChem)
- Trichloressigsäure (AppliChem)
- Tricin (AppliChem)
- Trifluoressigsäure (Sigma)
- Trifluorethanol (Acros)
- Tris-(2-carboxyethyl)-Phosphin (AppliChem)

*Material und Methoden*

### 3.1.3 Geräte und Materialien

- Äkta Purifier (GE Healthcare)
- Autoklaven:
    - VX-95 (Systec)
    - 2540 EL (Systec)
- Brutschrank (Incucell, MMM Medcenter Einrichtungen GmbH)
- CD-Spektropolarimeter J-815 (Jasco Industries)
- CD-Messküvette 0,1 cm (Suprasil QS, Hellma Optik)
- CD-Messküvette 1 cm (Suprasil QS, Hellma Optik)
- OCD-Spektropolarimeter J-810 (Jasco Industries)
- OCD-Quartz-Plättchen Ø 20 mm (Suprasil QS, Hellma Optik)
- Gasbrenner (Schütt flammy S, Schütt Labortechnik GmbH)
- Geldokumentationssystem: Photo-Print Video-Geldokumentationssystem 215-SI (PeqLab Biotechnologie GmbH)
- UV-Detektor TCP-20.M (PeqLab Biotechnologie GmbH)
- Gas-Weiche Model MF-2 (amicon)
- Gelelektrophorese (SDS-PAGE) Mini-Protean Tetra Cell (BioRad)
- Gelelektrophorese Agarose-Gel (peqLab)
- HisTrap FF 5ml (Amersham Biosciences)
- Heizblock HB-2 (Wealtec Corp.)
- HPLC (Jasco Industries) bestehend aus:
    - 2 Pumpen 2087-PU
    - Hochdruckmischer 2080-DHD
    - Säulenthermostat CO-200
    - Diodenarray-Detektor MD-2010
    - Steuerbox Jasco-LC-Net II
    - manueller Injektor Rheodyne
- HPLC-Säulen:
    - Polymer C18 Säule Vydac Semi-Prep, 259VHP1510, 250 x 10mm
    - Polymer C18 SäuleVydac Analytik, 259VHP54, 250 x 4,6mm
    - Monomer C18 Säule Vydac Analytik, 218TP54, 250 x 4,6mm

*Material und Methoden*

- Inkubationsschüttler:
    - G25 (New Brunswick Scientific GmbH)
    - Innova 44 (New Brunswick Scientific GmbH)
- Kits:
    - Quick Change Site Directed Mutagenese Kit (Stratagene)
    - peqGOLD Plasmid Miniprep Kit I Classic Line (peqlab)
    - QIAquick Gel Extraction Kit (Qiagen)
- Kühlschränke
    - 4 °C bzw. -20 °C (Siemens)
    - -80 °C (Herafreeze, Heraeus Instruments)
- Lyophilisator
    - Alpha I-6 (Christ)
    - Alpha 2-4 LD (Christ)
- Marker:
    - Protein-Marker: PageRuler™ Prestained Protein Ladder (Fermentas)
    - DNA-Marker: GeneRuler™ 1 kb DNA Ladder (Fermentas)
- Magnetrührer mit Heizplatte (RCT, IKA Labortechnik)
- MALDI-TOF Massenspektrometer autofelx III (Bruker Daltonics)
- Mikrowelle M1712 N (Samsung)
- PCR-Cycler PCR-Express Hybaid (Labsystems GmBH)
- pH-Messgeräte
    - QpH 70 (VWR International GmbH)
    - pH 315i (WTW)
- Pipetten:
    - 0,5 - 10 µl, 2 - 20 µl, 10 - 100 µl, 50 - 200 µl, 100 - 1000 µl Reference (Eppendorf)
    - 1 - 5 ml, 2 - 10 ml (Finnpipette)
- Reinraumbank Herasafe (Heraeus Instruments)
- Reinstwasseranlage (Millipore)
- Rotationsverdampfer:
    - Manometer CVC 211 (Vacuumbrand GmbH & Co KG)
    - Heizbad 461 (Büchi)
    - Kühler cool-care (Heijden-Labortecjnik)
    - Vakuumpumpe MZ 20C (Vacuumbrand GmbH & Co)

*Material und Methoden*

- Stromversorger (Power Pac 300, BioRad)
- Trockenschrank 600 (Memmert GmbH + Co.KG)
- Ultraschallgeräte
  - Branson Sonifier 250 (G. Heinemann Ultraschall und Labortechnik)
  - Sonorex super RK510 (Bandelin electronic)
  - Ultrasonic cleaner (VWR)
- Ultrazentrifuge L8-M (Beckmann)
- UV/VIS-Spektrophotometer SmartSpec Plus (BioRad)
- Vortexer Genie K-550-GE (Bender und Hobein AG)
- Waagen:
  - analytic pB 3001 (Mettler Toledo)
  - analytic CP 64 (Sartorius)
  - analytic M2P (Sartorius)
- Wasserbad 006T (Lauda)
- Wasserbad Thermostat A100 (Lauda)
- Zentrifugen:
  - 3-18 K (Sigma)
  - Avanti Centrifuge J-25 (Beckmann)
  - Centrifuge 5415 C (Eppendorf)
  - Centrifuge 5417 R (Eppendorf)
  - Sorvall RC 5B Plus (Sorvall)
- Zentrifugenrotoren:
  - JA14 (Beckmann)
  - SWI-28 (Beckmann)
  - JLA-9100 (Beckmann)
  - SS34 (Sorvall)

*Material und Methoden*

## 3.1.4 Lösungen und Puffer

- Für die Molekularbiologie:
  - Ampicillin (100 mg/ml):
    - 1g Ampicillin
    - ad 10 ml $H_2O$ bidest.
    - bei -20 °C lagern
  - $CaCl_2$ (0,1 M):
    - 1,1 g $CaCl_2$
    - ad 100 ml $H_2O$ bidest.
    - steril filtrieren
  - Chloramphenicol (20 mg/ml):
    - 200 mg Chloramphenicol
    - ad 10 ml Ethanol
    - bei -20 °C lagern
  - Glucose (20%):
    - 10 g Glucose
    - ad 50 ml $H_2O$ bidest.
    - steril filtrieren
  - IPTG-Lösung (200 mM):
    - 0,476 mg IPTG
    - ad 10 ml $H_2O$ bidest.
    - steril filtrieren
    - bei -20 °C lagern
  - LB-Medium:
    - 10 g Trypton
    - 10 g NaCl
    - 5 g Hefeextrakt
    - ad 1 L $H_2O$ bidest.
    - pH = 7,5
    - autoklavieren

*Material und Methoden*

- M9-Salzlösung:
  - 7 g $Na_2HPO_4$
  - 3 g $KH_2PO_4$
  - 0,5 g NaCl
  - 1 g $(NH_4)_2SO_4$
  - ad 1L $H_2O$ bidest.
  - autoklavieren
- M9-Minimalmedium:
  - 1x M9-Salz-Lösung
  - 0,1 mM $CaCl_2$
  - 1 mM $MgSO_4$
  - 50 mg/L Thiamin-HCl
  - 10 g/L Glucose
  - 1% LB-Medium
  - 100 mg/L Ampicillin
  - 20 mg/L Chloramphenicol
  - ad 1L $H_2O$ bidest.
- $MgSO_4$ (1 M):
  - 12,0 g $MgSO_4$
  - ad 100 ml $H_2O$ bidest.
  - steril filtrieren
- SOB-Medium:
  - 2 g Trypton
  - 0,5 g Hefeextrakt
  - 0,6 g NaCl
  - 0,2 g KCl
  - 0,2 g $MgCl_2$
  - 0,24 g $MgSO_4$
  - autoklavieren
  - 20% Glucose zugeben

*Material und Methoden*

- ➢ Thiamin-HCL (50 mg/ml):
  - 500 mg Thiamin
  - ad 10 ml $H_2O$ bidest.
  - steril filtrieren

- Für die SDS-Polyacrylamind Gelelektrophorese:
  - ➢ Acrylamid/Bisacrylamid-Mix* (49,5% T, 6% C):
    - 46,5 g Acrylamid
    - 3 g Bisacrylamid
    - ad 100 ml $H_2O$ bidest.
  - ➢ Acrylamid/Bisacrylamid-Mix* (49,5% T, 3% C):
    - 48 g Acrylamid
    - 1,5 g Bisacrylamid
    - ad 100 ml $H_2O$ bidest.
  - ➢ Ammoniumpersulfat-Lösung (100%):
    - 100 mg Ammoniumpersulfat
    - ad 1 ml $H_2O$ bidest.
  - ➢ Anodenpuffer:
    - 121,1 g Tris
    - ad 5 L $H_2O$ bidest.
    - pH = 8,9
  - ➢ Entfärbe-Lösung:
    - 250 ml Ethanol
    - 50 ml Essigsäure
    - ad 1 L $H_2O$ bidest.
  - ➢ Färbe-Lösung:
    - 250 mg Coomassie G-250
    - 50 ml Essigsäure
    - 450 ml Ethanol
    - ad 1L $H_2O$ bidest.
  - ➢ Fixier-Lösung:
    - 5 ml Glutardialdehyd (50%)
    - ad 50 ml $H_2O$ bidest.

*Material und Methoden*

- Gelpuffer (Peptid-Gel):
  - 72,7 g Tris
  - ad 150 ml $H_2O$ bidest.
  - pH = 8,45 einstellen
  - 0,6 g SDS
  - ad 200 ml $H_2O$ bidest.
- Kathodenpuffer:
  - 12,11 g Tris
  - 17,92 g Tricin
  - 1 g SDS
  - ad 1 L $H_2O$ bidest.
- Sammelgel (16% Tris-Tricine):
  - 680 µl 30% Acrylamid
  - 1,29 ml 4 x Tris-HCl-P. pH 6,8
  - 3,2 ml $H_2O$
  - 20 µl 20% APS
  - 5 µl TEMED
- Sammelgel (Peptid-Gel):
  - 200 µl 49,5% T 3% C Mix
  - 620 µl Gel-Puffer
  - 1,68 ml $H_2O$
  - 2 µl TEMED
  - 20 µl 10% APS
  - Menge pro Gel: 0,8 ml
- SDS-PAGE Probenpuffer nicht-reduzierend (2x):
  - 1,75 ml 1 M Tris-Base pH = 6,8
  - 1,5 ml Glycerin
  - 5 ml SDS (10%)
  - 1 kl. Spatelspitze Bromphenolblau
  - ad 10 ml $H_2O$ bidest.

*Material und Methoden*

- SDS-PAGE Probenpuffer reduzierend (2x):
  - 1,75 ml 1 M Tris-Base pH = 6,8
  - 1,5 ml Glycerin
  - 5 ml SDS (10%)
  - 0,24 g DTT
  - 1 kl. Spatelspitze Bromphenolblau
  - ad 10 ml $H_2O$ bidest.
- Trenngel (16% Tris-Tricine):
  - 5,2 ml 30% Acrylamid
  - 3,3 ml Tris-Cl-Puffer pH 8,45
  - 1,7 ml Glycerin
  - 400 µl $H_2O$
  - 30 µl 20% APS
  - 5 µl TEMED
- Trenngel (Peptid-Gel):
  - 4 ml 49,5% T 6% C Mix
  - 4 ml Gel-Puffer
  - 2,72 ml $H_2O$
  - 1,28 ml Glycerin
  - 4 µl TEMED
  - 40 µl 10% APS
  - Menge pro Gel: 3 ml
- Tris-HCl (4x):
  - 6,05 g Tris
  - ad 100 ml $H_2O$ bidest.
  - pH = 6,8 mit HCl (1M)
  - steril filtrieren
  - 0,4 g SDS zugeben
- Tris-HCL-Lösung:
  - 182 g Tris
  - ad 500 ml $H_2O$ bidest.
  - pH = 8,45 mit HCl (1M)
  - steril filtrieren
  - 1,5 g SDS zugeben

*Material und Methoden*

➤ Zwischengel (Peptid-Gel):
- 420 µl 49,5% T 3% C Mix
- 660 µl Gel-Puffer
- 920 µl $H_2O$
- 1 µl TEMED
- 6,6 µl 10% APS
- Menge pro Gel: 0,6 ml

T gibt den prozentualen Anteil von Acrylamid und Bisacrylamid an, C gibt den prozentualen Anteil von Bisacrylamid relativ zur Gesamtkonzentration T an (Schägger, H. und von Jagow, G., 1987).

- Für die Agarose-Gelelektrophorese:
  ➤ Ethidiumbromid-Stammlösung
    - 10 mg Ethidiumbromid
    - ad 1 ml $H_2O$ bidest.
  ➤ TAE-Puffer (50x):
    - 242 g Tris-HCl
    - 57,1 ml Eisessig
    - 100 ml 0,5 M EDTA-Lösung
    - ad 1 ml $H_2O$ bidest.

- Für die Isolierung von Inclusion Bodies:
  ➤ Lösung I:
    - 50 mM Tris-HCl (pH 8)
    - 15% Glycerin
    - 50 µg/ml Lysozym
    - 1 mM $NaN_3$
  ➤ Lösung II:
    - 50 mM Tris-HCl (pH 8)
    - 1% Deoxycholsäure
    - 1% Ipegal CA-630
    - 1 mM $NaN_3$

*Material und Methoden*

- Für die Affinitätschromatographie (His-Tag-Säule):
  - Lösung III (Auftragepuffer):
    - 20 mM Tris-HCl (pH 8)
    - 6 M Guanidin-HCl
    - 0,5 M NaCl
    - 5 mM Imidazol
  - Lösung IV (Elutionspuffer):
    - 20 mM Tris-HCl (pH 8)
    - 6 M Guanidin-HCl
    - 0,5 M NaCl
    - 500 mM Imidazol
  - Säulenreinigungs-Puffer:
    - 0,5 M NaCl
    - 20 mM NaPi-Puffer
    - 50 mM EDTA
    - pH 7,4
    - ad 1L $H_2O$ bidest.

- Für die Abspaltung *trp*-ΔLE-His-Tag:
  - Verdau-Lösung:
    - 5,5 g Hydroxylamin
    - 27,2 g Guanidin-HCl
    - 20 ml 4,5 M LiOH-Lösung (filtriert)
    - mit LiOH-Lösung auf pH 9 einstellen

- Für die HPLC:
  - Eluent A:
    - 95% $H_2O$ bidest.
    - 3% Isopropanol
    - 2% Acetonitril
    - 0,1% TFA
    - entgast

*Material und Methoden*

- Eluent B:
  - 5% $H_2O$ bidest.
  - 57% Isopropanol
  - 38% Acetonitril
  - 0,1% TFA
  - entgast

### 3.1.5 Vektoren

- pMMHb/E5
  - Induktor: IPTG
  - Promotor: T7
  - Resistenz: Amp
  - Tag: *trp*-ΔLE und $His_9$-Tag
  - hergestellt von Dr. S. Benamira, Universität Karlsruhe

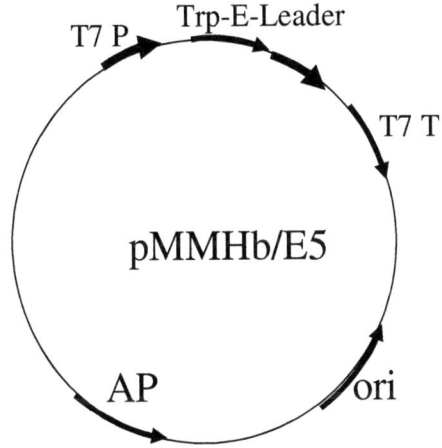

Abbildung 13: Expressionsvektor pMMHb/E5

*Material und Methoden*

## 3.1.6 Verbrauchsmaterialien

- Alufolie (Roth)
- Autoklavierband (Comply Indicator Tape, 3M)
- Dialysemembran Zellutrans V-Serie 2 kDa MWCO (Roth)
- Einmalandschuhe (VWR)
- Einmal-Spritzen 20 ml, 10ml, 1 ml (Inject, B. Braun)
- Einmal-Spritzenfilter steril 0,22 µm (Roth)
- Einmal-Spritzenfilter PDVF unsteril 0,45 µm (Roth)
- Falcon-Tubes 15 ml, 50 ml (Sarstedt)
- Glasgefäße mit Schraubverschluss Autosampler vials EZ:faast (Phenomenex)
- Halbmikroküvetten 1 ml (Sarstedt)
- NMR-Probenröhrchen WG-5-7E 5 mm mit Kappe (Wilmad LabGlass)
- Parafilm (Laboratory film, American National Can)
- Pasteur-Pipetten (WU Mainz)
- Petri Schalen (Sarstedt)
- Pipettenspitzen 1 ml, 200 µl, 10 µl (Sarstedt), 5 ml (Finnpipette)
- Reaktionsgefäße: 0,5 ml, 1,5 ml, 2 ml (Sarstedt)
- Wägepapier MN 226 (Macherey-Nagel)
- Wägeschälchen Rotilabo-Einmal-Wägeschälchen (Roth)

*Material und Methoden*

## 3.2 Mikrobiologische Methoden

### 3.2.1 Arbeiten unter sterilen Bedingungen

Um Kontaminationen durch Bakterien zu vermeiden werden alle Arbeiten mit Zellkulturen unter sterilen Bedingungen unter der Reinraumbank durchgeführt. Zellkultur-Medien, Puffer und sonstige Lösungen werden im Autoklav bei einer Temperatur von 121 °C und einem Druck von 1 bar für 20 Minuten sterilisiert. Hitzeempfindliche Lösungen, welche nicht autoklaviert werden können, werden durch Cellulosefilter mit einer Porengröße von 0,22 µm filtriert. Glasgefäße werden mit Alufolie abgedeckt und im Trockenschrank bei 200 °C für 3 Stunden sterilisiert.

### 3.2.2 Herstellung von Agarplatten

Frisch hergestelltes LB-Medium wird mit 1,5% Agar versetzt und anschließend autoklaviert. Nach dem Abkühlen der Lösung auf handwarme Temperatur werden unter der Reinraumbank Antibiotika in entsprechenden Mengen zugesetzt (100 µg/ml Ampicillin; 20 µg/ml Chloramphenicol) und die Petrischalen befüllt. Nach dem Auskühlen werden die LB-Agarplatten bei 4 °C bis zur Benutzung gelagert.

### 3.2.3 Transformation durch Elektroporation

Zellen nehmen Plasmid-DNA bei Behandlung mit kurzen elektrischen Pulsen auf. Bei der Elektroporation wird 1 – 3 µl Plasmid-DNA-Lösung mit 70 µl elektrokompetenten Zellen (siehe 3.1.9) in einer Elektroporationsküvette gemischt. Nach zwei Minuten Inkubation auf Eis erfolgt die Transformation durch Elektroporation. Hierbei werden am Gerät folgende Einstellungen vorgenommen:

- Spannung    1,25 V
- Kapazität    25 µF
- Widerstand    200 Ω
- Elektrodendistanz  2 mm

Nach der Transformation werden die Zellen mit 1 ml SOC-Medium versetzt und eine Stunde bei 37 °C inkubiert. Anschließend erfolgt das Ausplattieren auf LB-Agarplatten.

*Material und Methoden*

### 3.2.4 Herstellung eines Glycerol-Stocks

Die Lagerung transformierter Bakterienzellen erfolgt in Form von Glycerol-Stocks. Hierzu werden 500 µl einer gut gewachsenen LB-Kultur mit 500 µl 70% Glycerol-Lösung versetzt, mit flüssigem Stickstoff schockgefroren und bei -80 °C gelagert.

### 3.2.5 Ausstrich aus einem Glycerol-Stock

Mit einer ausgeglühten Impföse wird etwas Zellkultur aus dem Glycerol-Stock entnommen und auf einer Agarplatte ausgestrichen. Dabei ist darauf zu achten, dass die Bakterienmenge beim Ausstrich verdünnt wird. Die Agarplatte wird über Nacht im Brutschrank bei 37 °C inkubiert.

### 3.2.6 Anfertigen einer Vorkultur für die Proteinexpression

Zur Expression wird unter sterilen Bedingungen eine Vorkultur hergestellt. Hierzu werden in einem Reagenzglas 5 ml LB-Medium mit den entsprechenden Antibiotika (100 mg/L Ampicillin; 20 mg/L Chloramphenicol) versetzt. Mit Hilfe einer ausgeglühten Impföse wird die Vorkultur mit einem Klon, welcher von einer frisch ausgestrichenen Agarplatte entnommen wird, angeimpft. Die Vorkultur wird anschließend im Inkubationsschüttler bei 220 rpm für fünf bis sieben Stunden bei 37 °C inkubiert.

### 3.2.7 Anfertigen einer Übernachtkultur für die Proteinexpression

Als Übernachtkultur werden 200 ml LB-Medium mit den entsprechenden Antibiotika (100 mg/L Ampicillin; 20 mg/L Chloramphenicol) versetzt und mit ca. 500 µl Vorkultur angeimpft. Die Übernachtkultur wird im Inkubationsschüttler bei 220 rpm und 37 °C über Nacht wachsen gelassen.

### 3.2.8 Expression in Voll- und Minimalmedium

Um ausreichende Mengen an Protein zu erhalten erfolgt die Expression in LB-Vollmedium. Für Isotopen-Markierungen für NMR-Untersuchungen wird entsprechend M9-Minimalmedium benutzt, welches $(^{15}NH_4)_2SO_4$ als einzige Stickstoffquelle hat. Für die Expression wird die Übernachtkultur bei 6000 rpm für zehn Minuten abzentrifugiert und anschließend im LB- bzw. M9-Medium resuspendiert. Ein bis drei Liter Medium werden mit resuspendierten Zellen angeimpft, wobei die optische Dichte bei 600 nm ($OD_{600}$) auf ca. 0,1 eingestellt wird. Die Expression erfolgt in 2-Liter-Kolben, wobei jeder maximal mit 500 ml befüllt wird.

*Material und Methoden*

Die Kulturen werden im Schüttler bei 37 °C und 220 rpm inkubiert bis sie eine optische Dichte von 0,6 bis 0,8 erreicht haben. Durch Zugabe von jeweils 1 ml 0,2 M IPTG, welches als permanenter Induktor wirkt, kann die Expression gestartet werden. Der Verlauf des Zellwachstums wird durch stündliche Messung des $OD_{600}$-Werts verfolgt. Die Ernte erfolgt nach ca. 6 Stunden durch Zentrifugation bei 6000 rpm. Anschließend werden die Zellpellets bei -80 °C bis zum Zellaufschluss gelagert.

## 3.3 Mutagenese-PCR

Die Herstellung der Einfach-Cystein-Mutanten E5-ASC und E5-CSA erfolgt durch Mutagenese-PCR mit Hilfe des Quick Change Site Directed Mutagenese-Kit. Hierbei soll das Cystein an Position 37 bzw. 39 der Wildtyp-Sequenz durch Alanin ersetzt werden. Der Aminosäure-Austausch soll auf DNA-Ebene durch Veränderung des entsprechenden Nukelotid-Tripletts erfolgen. Basierend auf dem *trp*-ΔLE-E5-Wildtyp-Konstrukt wird die Mutation durch spezielle Mutagenese-Primer eingeführt, welche an der entsprechenden Stelle das Nukleotid-Codon für Alanin tragen. Nach Anlagerung der Mutagenese-Primer an die komplementären Sequenzbereiche des Matrizen-Plasmids erfolgt die Verlängerung durch die DNA-Polymerase. Hierbei wird eine DNA-Polymerase verwendet, welche keine Korrektur-Lesefunktion hat. Die Mutagenese-PCR erfolgt nach folgendem Ansatz:

- 2 µl *trp*-ΔLE-E5-Wildtyp DNA
- 2,5 µl 10X Reaktionspuffer
- 125 ng sense Primer
- 125 ng antisense Primer
- 0,5 µl dNTP-Mix
- 0,5 µl Pfu Turbo DNA-Polymerase
- ad 25 µl $H_2O$ bidest.

Für die Mutagenese-PCR wurden folgende Primer verwendet:
- ASC sense: 5´- GGATCATTTTGAGGCTTCCTGCACAGGTCTGCC
- ASC antisense: 5´- GGCAGACCTGTGCAGGAAGCCTCAAAATGATCC
- CSA sense: 5´-GGATCATTTTGAGTGCTCCGCTACAGGTCTGCC
- CSA antisense: 5´-GGCAGACCTGTAGCGGAGCACTCAAAATGATCC

*Material und Methoden*

Alle Bestandteile werden auf Eis mit vorgekühlten Pipettenspitzen zusammen pipettiert, wobei die Zugabe der DNA-Polymerase zuletzt erfolgt. Die Amplifikation erfolgt im Thermocycler unter Verwendung folgenden Programms:

- Vordenaturierung: 95 °C; 30 Sekunden
- Amplifikation: 16 Wiederholungen
  - Denaturierung: 95 °C; 30 Sekunden
  - Hybridisierung: 95 °C; 30 Sekunden
  - Elongation: 55 °C; 12 Minuten

Durch die wiederholten Amplifikations-Zyklen wird die mutierte DNA vervielfältigt, wobei zirkuläre, doppelsträngige DNA-Moleküle entstehen. Zur Selektion der mutierten DNA wird der Ansatz nach der PCR eine Stunde bei 37 °C mit dem Restriktionsenzym Dpn I verdaut, welches die parentale (methylierte) DNA abbaut. Anschließend erfolgt die Transformation der mutierten DNA in *XLI-Blue* Zellen sowie das Ausplattieren auf Agarplatten.

## 3.4 Molekularbiologische Arbeitsmethoden

### 3.4.1 Plasmidsolierung aus Bakterien

Die Isolierung von Plasmid-DNA, welche durch Bakterien-Flüssigkulturen hergestellt werden, erfolgt mit Hilfe des peqGOLD Plasmid Miniprep Kit I (Classic Line). Um das Nährmedium abzutrennen, werden die Zellen durch Zentrifugation bei maximaler Geschwindigkeit für zehn Minuten sedimentiert. Das Pellet wird in 250 µl RNase-haltiger Lösung I resuspendiert. In der Kultur vorhandene RNA und Proteine werden durch RNase A und EDTA, welche sich in der Resuspension-Lösung befinden, abgebaut bzw. inhibiert. Der Aufschluss der Bakterienzellen erfolgt mit SDS-haltigen Lysis-Puffer unter alkalischen Bedingungen (250 µl Lösung II). Das Detergenz lagert sich zwischen die Lipidmoleküle der Zellmembranen, wodurch diese aufgebrochen werden. Hierdurch werden neben der erwünschten Plasmid-DNA auch genomische DNA und Proteine frei. Die Spaltung der freigewordenen Proteine durch alkalische Proteasen schützt die Plasmid-DNA vor dem Abbau durch Endonukleasen. Das klare Lysat wird mit 350 µl Lösung III neutralisiert. Durch Guanidin-Hydrochlorid kommt es zum Ausfällen von Proteinen sowie von genomischer DNA, welche gemeinsam mit anderen Zelltrümmern durch Zentrifugation von der Plasmid-DNA abgetrennt werden. Der Überstand mit der Plasmid-DNA wird auf ein HiBind-Miniprep-

*Material und Methoden*

Zentrifugensäulchen geladen und für eine Minute bei maximaler Geschwindigkeit zentrifugiert, wobei die Plasmid-DNA durch Wasserstoffbrücken an die Säule bindet. Die gebundene Plasmid-DNA wird nun nacheinander mit 500 µl HB-Puffer und 750 µl ethanolhaltigem DNA-Waschpuffer gewaschen. Nach jedem Waschschritt wird eine Minute bei maximaler Geschwindigkeit zentrifugiert und der Durchfluss verworfen. Die Elution der Plasmide erfolgt mit 50 µl bidest. Wasser.

### 3.4.2 Agarosegel-Elektrophorese

Die Auftrennung von Nukleinsäure erfolgt mittels Agarosegel-Elektrophorese. Hierbei werden die DNA-Fragmente entsprechend ihrer Größe aufgetrennt. Die Auftrennung erfolgt in einem 1% Agarosegel. Hierzu wird 1 g Agarose in 100 ml 1x TAE-Puffer durch Erhitzen in einer Mikrowelle gelöst. Nach einer kurzen Abkühlungszeit werden 5 µl Ethidiumbromid hinzu gegeben und die Lösung in eine Gieskammer mit entsprechendem Probenkamm gegossen. Nach dem vollständigen Erstarren des Gels werden die mit Laufpuffer gemischten Proben in die Aussparungen, welche durch den Probenkamm entstanden sind, pipettiert. Die Auftrennung der DNA erfolgt elektrophoretisch durch Anlegen einer Spannung von 90 V. Hierbei werden die negativ geladenen DNA-Moleküle zur positiv geladenen Anode gezogen, wobei kleinere DNA-Moleküle sich schneller bewegen als größere Moleküle und entsprechend weiter im Gel laufen. Nach der Elektrophorese erfolgt die Detektion der DNA-Bande durch Fluoreszenz des Ethidiumbromids, welches mit DNA-Basen interkaliert.

### 3.4.3 Isolierung von DNA aus Agarosegelen

Die Isolierung der DNA erfolgt mit Hilfe des QIAquick Gel Extraction Kit. Die gewünschte DNA-Bande wird mit Hilfe eines Skalpells aus dem Agarosegel ausgeschnitten und die dem Gewicht entsprechende dreifache Menge an Puffer QG zugegeben. Das Gelstück wird durch Erhitzen auf 50 °C für 10 min verflüssigt, mit Isopropanol versetzt und schließlich auf eine „QIAquick" Zentrifugensäule gegeben. Die DNA bindet an die Säule, während andere Bestandteile wie Proteine durch Zentrifugation abgetrennt werden. In den nachfolgenden Schritten wird die DNA wird nacheinander mit 500 µl QG-Puffer und 750 µl ethanolhaltigem PE-Puffer gewaschen. Nach jedem Waschschritt wird 1 min bei maximaler Geschwindigkeit zentrifugiert und der Durchfluss verworfen. Die DNA-Fragmente werden mit 30 µl Elutionspuffer von der Membran eluiert.

*Material und Methoden*

## 3.5 Proteinchemische Arbeitsmethoden

### 3.5.1 Zellaufschluss und Isolierung von Inclusion Bodies

Für die Isolierung des E5-Fusionsproteins aus den Zellen werden die aufgetauten Zellen mit Lysozym-haltiger (50 µg/ml) Lösung I resuspendiert und mindestens 15 Minuten bei Raumtemperatur inkubiert. Durch Lysozym kommt es zum Abbau der Zellmembranen. Zusätzlich wird der Zellaufschluss durch Ultraschallbehandlung (3*2 Minuten, 65% Leistung) vervollständigt. Hierbei wird die Zellsuspension intensiv mit Eis gekühlt, um die beim Ultraschall entstehende Wärme abzuleiten. Durch Zentrifugation bei ca. 46000 g bei 4 °C für 30 Minuten werden lösliche Bestandteile der Zelle von den E5 enthaltenden Inclusion Bodies getrennt. Das Pellet wird anschließend mit Lösung II resuspendiert und erneut Ultraschall behandelt (3*2 Minuten, 65% Leistung, unter Eis-Kühlung). Durch Detergenzien, welche sich in Lösung II befinden, werden Membranbestandteile aufgelöst, welche anschließend durch Zentrifugation (58000 g, 4 °C, 30 Minuten) abgetrennt werden können. Das entstehende Pellet enthält Einschlusskörperchen, so genannte Inclusion Bodies (IB), welche das E5 Fusionsprotein enthalten. Das Pellet wird in 6 M Guanidin-Hydrochlorid resuspendiert und Ultraschall behandelt (3*2 Minuten, 65% Leistung, unter Eis-Kühlung), wodurch die IB durch das vorhandene Guanidin-Hydrochlorid aufgelöst werden. Zum Ausfällen der IB wird die Zellaufschlusslösung mit dem zehnfachen Überschuss an Wasser versetzt, wodurch sich ein weißer Niederschlag bildet. Die ausgefällten IB werden anschließend durch Zentrifugation (30000 g, 4 °C, 60 Minuten) abgetrennt. Da die IB-Fraktion fast ausschließlich nur das E5 Fusionsprotein enthält, kann auf die Aufreinigung mittels Affinitätschromatographie verzichtet werden. Das Pellet kann entweder direkt der Hydroxylamin-Spaltung zugeführt werden oder bis zum Verwendung durch Lyophilisation haltbar gemacht werden.

### 3.5.2 Proteolytische Spaltung mit Hydroxylamin

Proteine können durch Hydroxylamin spezifisch zwischen den Aminosäuren Asparagin und Glycin gespalten werden.[78] In allen *trp*-ΔLE-E5 Fusionsproteinen wurde eine solche Asparagin-Glycin-Schnittstelle zwischen E5 und *trp*-ΔLE-Sequenz bzw. His$_9$-Tag eingebaut, wodurch das E5 Protein von beiden Tags getrennt werden kann (Abbildung 14).[78] Durch die Spaltung verbleibt das Glycin am N-Terminus von E5.

*Material und Methoden*

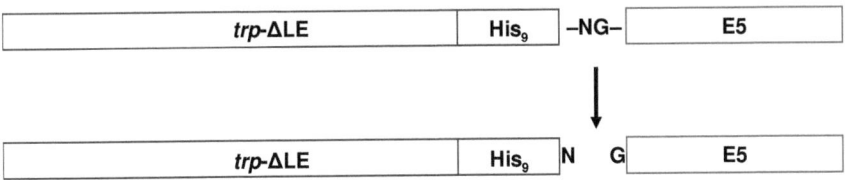

Abbildung 14: Hydroxylaminspaltung von *trp*-ΔLE-E5. Hydroxylamin spaltet spezifisch die Peptidbindung zwischen Glycin und Asparagin, wodurch *trp*-ΔLE-Sequenz und His$_9$-Tag von E5 abgespalten werden können.

Der Hydroxylamin-Verdau wird in 6 M Guanidin-HCl und 2 M Hydroxylamin bei 45 °C durchgeführt. Hierzu werden für 45 ml Verdaulösung 5,5 g Hydroxylamin und 27,2 g Guanidin-HCl in 20 ml LiOH-Lösung (4,5 M, filtriert) unter Rühren aufgelöst und der pH-Wert auf 9 eingestellt. Die *trp*-ΔLE-E5-Fusionsproteine enthaltenen Inclusion Bodies nach dem Zellaufschluss bzw. nach dem Gefriertrocknen werden dann zur Verdaulösung gegeben, wobei ca. 0,2 mg Protein pro Milliliter Lösung eingesetzt werden. Der Verdau wird über Nacht inkubiert und anschließend durch pH-Änderung auf 3 durch Zugabe von Ameisensäure gestoppt. Die Aufreinigung der verschiedenen Verdau-Produkte erfolgt durch HPLC.

### 3.5.3 Dialyse

Nach der Aufreinigung der Hydroxylamin-Verdauprodukte durch HPLC erfolgt die Entfernung der organischen Lösungsmittel sowie noch vorhandener Salze durch Dialyse. Hierzu werden die HPLC-Fraktionen am Vakuum-Rotations-Verdampfer eingeengt, mit Natronlauge neutralisiert und in Dialyseschläuche mit einer Ausschlussgröße von 2 kDa eingefüllt. Die Dialyse erfolgt gegen bidest. Wasser über 5 bis 7 Tage, wobei täglich das Wasser ausgetauscht wird. Nach der Dialyse erfolgt die Trocknung der ausgefallenen Proteine am Lyophilisator. Die Dialyseschläuche werden nach der Dialyse mehrmals mit bidest. Wasser gewaschen und in einer 0,05 M NaN$_3$-Lösung gelagert.

### 3.5.4 Entfernen von Salzen aus Proteinproben durch TCA-Fällung

Die SDS-Polyacrylamid Gelelektrophorese kann durch die Anwesenheit von Salzen in den Proben gestört werden. Eine hohe Salzkonzentration verhindert die Anlagerung von SDS an die Proteine, die somit nicht denaturiert werden können.

*Material und Methoden*

Oftmals wird auch das Laufverhalten der Probe im Gel durch Salze beeinträchtigt, so dass die Qualität der Trennung ungenügend ist. Bei der Aufreinigung der *trp*-ΔLE-E5-Fusionsproteine wird 6 M Guanidin-Hydrochlorid verwendet, welches mit SDS einen unlöslichen Komplex bildet, wodurch eine elektrophoretische Auftrennung nicht mehr möglich ist. Zum Entfernen der Salze wird zu den Proben Trichloressigsäure (TCA) gegeben, wodurch die Proteine ausfallen, während die Salze in Lösung bleiben. Die ausgefällten Proteine können anschließend durch Zentrifugation von dem salzhaltigen Überstand getrennt werden. Für die TCA-Fällung werden 100 µl Guanidin-Hydrochlorid-haltigen Proben mit 100 µl TCA-Lösung (20%) versetzt. Nach 20 Minuten Inkubationszeit auf Eis wird die Lösung für 15 Minuten bei 4 °C und maximaler Geschwindigkeit zentrifugiert. Der Überstand wird vorsichtig abgenommen und das Pellet in 100 µl eiskaltem Ethanol resuspendiert. Im Anschluss daran wird die Lösung erneut für 15 Minuten bei 4 °C und maximaler Geschwindigkeit zentrifugiert. Nach dem Entfernen des Überstands wird das ausgefällte Protein in 20 µl SDS-Probenpuffer aufgenommen und für 5 Minuten bei 95 °C erhitzt. Anschließend kann die Probe auf ein SDS-Gel aufgetragen werden.

### 3.5.5 SDS-Polyacrylamid Gelelektrophorese (SDS-PAGE)

Die SDS-Polyacrylamid-Gelelektrophorese erlaubt die Trennung von Proteinen nach ihrer Molekülmasse, die Bestimmung des Molekulargewichts sowie die Kontrolle der Reinheit von Proteinproben. Durch Anlagerung von vielen SDS-Molekülen erhalten die denaturierten Proteine eine negative Gesamtladung. Die Auftrennung der Proteine erfolgt elektrophoretisch, wobei die negativen Moleküle entsprechend ihrer Größe weit im Gel wandern. Eine diskontinuierliche SDS-PAGE besteht aus einem Sammelgel und einem Trenngel. Das Sammelgel dient zur Beladung der Proben, während im Trenngel die Auftrennung der Proteine entsprechend ihrer Größe erfolgt. Das Trenngel wird zuerst hergestellt, wobei alle Komponenten bis auf APS und TEMED gemischt werden. Kurz vor dem Gießen des Gels werden APS und TEMED zugeben, welche die Polymerisation des Gels einleiten. Das Trenngel wird zwischen zwei Glasplatten in einem Giesstand gegossen und mit Wasser überschichtet. Nachdem das Gel polymerisiert ist, wird das Sammelgel auf das Trenngel pipettiert, wobei wiederum APS und TEMED erst unmittelbar vor dem Gießen zugegeben werden. Zur Bildung der Probentaschen wird ein Probenkamm in das Sammelgel gesteckt, wodurch Aussparungen entstehen.

*Material und Methoden*

Zur Überprüfung von Expressionsproben wird Probenpuffer entsprechend folgender Formel zum Bakterienpellet (aus 1 ml Bakteriensuspension) zugegeben:

**Menge Probenpuffer in µl = ($OD_{600}$ / 0,2) * 75**

Aufgereinigte und lyophilisierte Proteinproben werden ausgewogen und mit Probenpuffer versetzt, so dass die Protein-Konzentration zwischen 1 – 2 mg/ml liegt. Guanidinhydrochlorid-haltige Proteinproben können nicht direkt im Probenpuffer aufgenommen werden, da hierbei ein unlöslicher Komplex entsteht. Zur Entfernung des Guanidinhydrochlorids wird eine TCA-Fällung vorher durchgeführt. Alle Proben werden entsprechend mit Probenpuffer versetzt, wobei bei Proben bei welchen die Dimerisierung über Disulfidbrücken untersucht werden soll, nicht-reduzierender Probenpuffer zugegeben wird. Die Proben werden für 5 Minuten auf 95 °C erhitzt und anschließend für 1 Minute bei maximaler Geschwindigkeit zentrifugiert. In jede Probentasche des Gels werden 10 bis 15 µl Probe gefüllt. Zur Molekulargewichtsbestimmung wird außerdem ein Proteinmarker aufgetragen. Das Gel wird in die Elektrophoresekammer gestellt und Anoden- bzw. Kathodenpuffer eingefüllt. Die Elektrophorese wird bei einer konstanten Stromstärke von 35 mA und einer Anfangsspannung von 100 V durchgeführt. Sobald die blaue Bande des Bromphenolblaus des Probenpuffers die Unterkante des Gels erreicht hat, wird die Elektrophorese beendet. Das Sammelgel wird abgetrennt und verworfen. Das Trenngel wird für 90 min in Fixierlösung inkubiert, anschließend für 10 min in Wasser gewaschen und schließlich mit Coomassie-Färbelösung gefärbt. Zum Entfärben wird das Gel in Entfärber-Lösung gegeben bis die Proteinbanden sichtbar werden.

### 3.5.6 SDS-Polyacrylamid Gelelektrophorese für kleine Proteine

Die Analyse von kleinen Proteinen erfolgt durch Verwendung einer modifizierten Version der SDS-PAGE.[80] Hierbei wird neben Trenn- und Sammelgel noch ein Zwischengel eingefügt, welches größere Moleküle heraus siebt, wodurch die elektrophoretische Auftrennung der kleinen Moleküle verbessert wird. Die Gele werden wie in Abschnitt 3.5.5 beschrieben gegossen, wobei jede Gelschicht ca. 1 Stunde lang polymerisieren sollte. Die Elektrophorese wird bei einer konstanten Stromstärke mit einer Anfangsspannung von 80 V durchgeführt. Probenpräparation sowie Fixierung, Färbung und Entfärbung werden entsprechend der im vorherigen Abschnitt beschriebenen Vorgehensweise durchgeführt.

*Material und Methoden*

## 3.5.7 MALDI-TOF Massenspektrometrie

Die Analyse der Proteinproben erfolgt Hilfe der MALDI-TOF-Massenspektrometrie (Matrix Assisted Laser Desorption Ionisation – Time of Flight). Hierbei werden die Moleküle einer Probe durch Laserimpulse indirekt durch Matrixmoleküle ionisiert und die Ionen anschließend einer Flugzeitmessung unterzogen, bei welcher man das Masse/Ladungs-(m/z)-Verhältnis der Moleküle erhält.

Voraussetzung für die Bestimmung der Massen ist die Ionisierung der Moleküle. Hierzu wurde MALDI entwickelt, welche eine besonders milde Methode zur Ionisierung ist, ohne dass es hierbei zur Fragmentierung der Moleküle kommt.[80] Für die massenspektrometrischen Untersuchungen werden die Proteinmoleküle in das Kristallgitter einer Matrix durch Kokristallisation eingebaut. Beim Beschuss der Kristalle mit dem Laser nehmen die Matrixmoleküle die Energie des Lasers auf und transferieren diese an die Analytmoleküle. Die Moleküle werden durch den indirekten Energietransfer mild, aber effizient ionisiert.

Nach der Ionisierung erfolgt die Beschleunigung im Hochvakuum durch ein elektrostatisches Feld in Richtung des Analysators. Leichte Moleküle erreichen den Detektor früher als schwerere Moleküle, weswegen anhand der Flugzeit letztendlich die Molekülmasse ermittelt werden kann. Hierbei gilt für die Flugzeit (Time of Flight) in Abhängigkeit von Masse (m) und Ladungszahl (z) folgender Zusammenhang:

$$tof \propto \sqrt{\frac{m}{z}}$$

Neben der linearen Detektion am Ende der Time of Flight-Röhre kann die Detektion auch im reflektierten Modus erfolgen. Durch die Reflektion können bei Molekülen mit der gleichen Masse und Ladung auftretende Unterschiede in der Flugzeit ausgeglichen werden, wodurch die Auflösung stark verbessert wird.

Für die massenspektrometrischen Untersuchungen werden je nach Proteinkonzentration zwischen 10 bis 500 µl Proteinprobe unter Stickstoff-Strom oder am Lyophilisator getrocknet und anschließend in 20 bis 30 µl eines 2:1-Gemisch aus Acetonitril, Wasser und 0,1% (v/v) TFA teilweise aufgelöst. Die Matrix 2,5-Dihydroxybenzoesäure (DHB) wird ebenfalls im gleichen Gemisch aufgelöst, wobei durch Zugabe eines Überschusses an Matrixpulver eine gesättigte Lösung hergestellt wird. Anschließend wird Matrixlösung im Verhältnis von 1:3 zum Probengemisch zugegeben und mittels Zentrifugation in einer Tischzentrifuge bei

*Material und Methoden*

5000 rpm gemischt. Für die MALDI-TOF-Messungen werden 0,25 bis 0,75 µl Probe auf einem Metall-Träger aufgetragen und auskristallisieren gelassen. Zur Bestimmung der exakten Masse werden noch 1-2 µl eines Protein-Standard-Gemischs (Bruker Protein Calibration Standard I) zugegeben. Dieses Gemisch enthält verschiedene Markerproteine anhand derer eine interne Kalibrierung auf die genauen Massen in der jeweiligen Probe möglich ist. Da teilweise nicht alle Massen des Standards detektierbar sind, können zusätzlich noch andere Moleküle mit bekannter Masse zugegeben werden, wobei vor allem PGLa (2097.30 Da) und Gramicidin S (1141.80 Da) verwendet werden. Die Messungen werden an einem MALDI-TOF-Massenspektrometer der Firma Bruker durchgeführt. Aufgrund der Proteingröße von E5 sowie der besseren Flugeigenschaften der Matrix DHB erfolgt die Detektion im linearen und positiven Modus.

Durchschnittliche Massen Protein Calibration Standard I (Bruker Daltonics):
- Insulin 5734.25 Da
- Ubiquitin 8565.75 Da
- Cytochrom C 12360.97 Da
- Myoglobin 16952.30 Da

## 3.6 Chromatographie

### 3.6.1 Nickel-Affinitätschromatographie

Alle E5-Konstrukte haben neben der trp-ΔLE-Sequenz noch zusätzlich einen His$_9$-Tag zur Aufreinigung mittels Affinitätschromatographie. Der aus neun Histidinen bestehende Tag ermöglicht die Bindung der E5 Fusionsproteine an Nickel-Atome, welche an einer Nickel-NTA-Säule immobilisiert sind. Hierdurch ist es möglich alle anderen Proteine, welche nicht an die Säule binden können, von den E5-Fusionsproteinen zu trennen. Die Elution von der Nickel-Säule erfolgt durch Erhöhung der Konzentration von Imidazol, welches um die Nickel-Bindestelle konkurriert.

Für die Aufreinigung der trp-ΔLE-E5-Fusionsproteine wird eine 5 ml HisTrap-Säule verwendet. Alle verwendeten Lösungen sowie die Probe werden zuvor mit Hilfe eines Filters (Porengröße 0,45 µm) filtriert. Die Aufreinigung erfolgt mittels des Äkta Purifier bei einer Flussrate 5,0 ml/min. Bevor die Probe auf die Säule aufgetragen wird, muss diese mit 5 Säulenvolumen Bindepuffer äquilibriert werden. Die Probe wird mit Hilfe

*Material und Methoden*

einer 50 ml Probenschleife auf die Säule aufgetragen, wobei der Durchfluss gesammelt und eventuell erneut aufgetragen wird. Anschließend wird die Säule mit 2 bis 3 Säulenvolumen Bindungs-Puffer gespült, um ungebundene Proteine von der Säule zu waschen. Die Elution des Proteins erfolgt durch Spülen mit 3 Säulenvolumen Elutions-Puffer (Lösung IV). Die Detektion der Proteine erfolgt über spektrometrisch bei 280 nm. Alle 2 Minuten werden jeweils 10 ml mit Hilfe eines Fraktionssammlers gesammelt. Zur Regeneration der Säule wird diese mit 5 bis 10 Säulenvolumen Regenerations-Puffer gewaschen, um die Nickel-Atome von der Säule zu spülen. Nun wird die Säule mit 5 bis 10 Säulenvolumen Bindepuffer (Lösung III) und dann mit 5 bis 10 Säulenvolumen bidest. Wasser gespült. Anschließend wird die Säule wieder mit Nickel-Ionen beladen, indem mit 5 bis 10 Säulenvolumen einer $NiSO_4$-Lösung (0,1 M) gespült wird. Dann wird nochmals mit 5 bis 10 Säulenvolumen bidest. Wasser gespült. Die Lagerung der Säule erfolgt in 20% EtOH.

### 3.6.2 Umkehr-Phase (Reversed Phase) HPLC

Die High Performance Liquid Chromatography (HPLC) ist ein Verfahren zur Trennung von Substanzen wie beispielsweise Proteingemischen in Lösung. Die HPLC ist eine Flüssigkeitschromatographie, in welcher die zu trennende Probe in einer mobilen, flüssigen Phase durch eine stationäre Phase geschickt wird. Die Trennung beruht hierbei auf der Adsorption (und anschließenden Desorption) der zu trennenden Moleküle an eine stationäre Phase in Abhängigkeit der Polarität der Probenmoleküle sowie der beiden Phasen.

Im Allgemeinen wird zwischen zwei verschiedenen HPLC-Verfahren unterschieden: Bei der Normalphasen-HPLC wird eine polare stationäre Phase (z.B. Kieselgel) und eine unpolare mobile Phase verwendet. Die Stärke der Elutionskraft ist von der Polarität der mobilen Phase abhängig, was dazu führt, dass polare Substanzen länger auf der Säule verweilen als unpolare und somit zu einem späteren Zeitpunkt von der Säule eluieren. Bei der Umkehr-Phase (reversed phase-) HPLC wird eine unpolare stationäre Phase aus langkettigen Kohlenwasserstoffen verwendet sowie eine polare mobile Phase (Wasser/Alkohol). Dabei wird die zu trennende Probe mit einem Laufmittel (mobile Phase) durch eine Säule, welche die stationäre Phase enthält, gepumpt. Die Retention hängt von der Verteilung bzw. Löslichkeit der Probenmoleküle in der mobilen Phase und von der Assoziation der Moleküle mit der unpolaren stationären Phase ab. Je nachdem wie stark hierbei die einzelnen

*Material und Methoden*

Bestandteile der Probe an die stationäre Phase binden, verbleiben die diese unterschiedlich lange auf der Säule, wodurch es zur Auftrennung des Proben-Gemischs kommt. Die Auflösung hängt unter anderem von der Probenkonzentration, Flussrate, Temperatur, Gradient sowie den chemischen Eigenschaften des Säulenmaterials, der Laufmittel und der zu trennenden Moleküle ab. Der Nachweis der verschiedenen Substanzen erfolgt mit Hilfe eines UV-Detektors. Proteine können anhand ihrer Absorption bei ca. 220 nm (Peptidbindung) bzw. zwischen 260 – 280 nm (aromatische Aminosäuren) nachgewiesen werden.

Die Aufreinigung aller E5-Proteine erfolgt über eine semipräparative RP-Polymer-Säule (Vydac, 259VHP1510 250 x 10 mm) mit nachfolgend beschriebenen Gradienten bei einer Temperatur von 60 °C. Zur Analyse wird die entsprechende Analytik-Säule (Vydac, 259VHP54, 250 x 4,6 mm) verwendet.

Für die Trennung der verschiedenen Spaltprodukte nach dem Hydroxylamin-Verdau sowie zur Entsalzung der Proben wird im semipräparativen Maßstab folgender mehrstufiger Gradient benutzt:

| Zeit [min] | % A | % B | Flussrate ml/min |
|---|---|---|---|
| 0 | 90 | 10 | 6 |
| 2 | 25 | 75 | 6 |
| 6 | 22 | 78 | 6 |
| 8 | 22 | 78 | 2 |
| 16 | 5 | 95 | 2 |
| 17 | 5 | 95 | 6 |
| 18 | 90 | 10 | 6 |
| 21 | 90 | 10 | 6 |

Pro Lauf werden maximal 2,5 ml Verdau-Lösung über eine 5 ml Probenschleife aufgetragen. Anschließend werden 3*5 ml Wasser injiziert um alle hydrophilen Moleküle sowie Salze von der Säule zu waschen. Der Gradient wird gestartet, sobald der Durchfluss die Säule passiert hat und entsprechend die Absorption bei 220 nm zurück auf Null gegangen ist.

*Material und Methoden*

Für analytische Läufe wird folgender Gradienten benutzt, wobei je nach Konzentration zwischen 20 µl und 500 µl Verdau-Lösung über eine entsprechende Probenschleife aufgetragen werden:

| Zeit [min] | % A | % B | Flussrate ml/min |
|---|---|---|---|
| 0 | 90 | 10 | 1,2 |
| 2 | 90 | 10 | 1,2 |
| 11 | 4 | 96 | 1,2 |
| 13 | 4 | 96 | 1,2 |
| 17 | 90 | 10 | 1,2 |
| 21 | 90 | 10 | 1,2 |

## 3.7 Circulardichroismus (CD)-Spektroskopie

Die Theorie zur CD-Spektroskopie und Orientierter CD (OCD)-Spektroskopie ist in den Abschnitten 1.3.1 und 1.3.2 beschrieben.

### 3.7.1 Gebräuchliche Einheiten der CD-Spektroskopie

Die Messgröße der CD-Spektroskopie ist die Absorptionsdifferenz aus links und rechts zirkular polarisierten Licht.[73] Nach dem Labert-Beer-Gesetz gilt:

$$\Delta\varepsilon = \varepsilon_L - \varepsilon_R = \frac{\Delta E}{c * d} \quad [L * mol^{-1} * cm^{-1}]$$

Ein CD-Spektrum ergibt sich aus dem gemessenen molaren Circulardichroismus $\Delta\varepsilon$ als Funktion der Wellenlänge, wobei als eine weitere gebräuchliche Einheit die Elliptizität $\theta$ verwendet wird, welche in Winkelgraden (deg) oder Tausendstel Winkelgraden (mdeg) angegeben wird:

$$\theta = \arctan(b/a)$$

Hierbei beschreiben a und b die große bzw. kleine Halbachse der Ellipse, welche durch den Feldvektor des elliptisch polarisierten Lichts beschrieben wird (Abbildung 15).

Material und Methoden

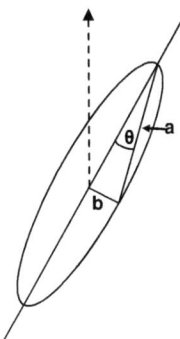

Abbildung 15: Elliptizität.
Die große (a) und kleine Halbachse (b) bilden ein rechtwinkliges Dreieck, in welchem der Winkel gegenüber der kleinen Halbachse die Ellipizität θ ist.[69]

Für Biomoleküle wie Proteine wird in der Literatur oftmals auch die mittlere molare Elliptizität pro Aminosäurerest $[\theta]_{MRE}$ angegeben, wobei gilt:

$$[\theta]_{MRE} = \frac{\theta}{10 * C_r * d} \quad [deg * cm^2 * dmol^{-1}]$$

$$C_r = (n * c_g) / M_r \quad [mol/L]$$

θ: Elliptizität
d: Schichtdicke [cm]
n: Anzahl Peptidbindungen
$c_g$: Proteinkonzentration [g/L]
$M_r$: Molekulargewicht [g/mol]

### 3.7.2 CD-Messungen

Die Durchführung von CD-Messungen erfolgt in einem Spektropolarimeter. Hierzu werden ca. 200 µl Probe in eine 1 mm Quarzglas-Küvette gefüllt und das entsprechende CD-Spektrum zwischen 180 nm und 260 nm aufgenommen, wobei zuvor das entsprechende Referenzspektrum der Matrix ohne Protein gemessen und vom Probenspektrum abgezogen wird.

*Material und Methoden*

Die CD-Messungen werden unter Verwendung folgender Parameter durchgeführt:
- Empfindlichkeit: Standardmessbereich 0–100 mdeg
- Wellenlängen-Messbereich: 180 – 260 nm
- Messgeschwindigkeit: 10 nm/min bzw. 20 nm/min
- Mess-Modus: kontinuierlich
- Response-Zeit Detektor: 8 bzw. 4 sek.
- Abstand Datenpunkte: 0,1 nm
- Spektrale Bandbreite: 1 nm
- 3 Spektren-Mittelungen

Proteinproben in 2,2,2-Trifluorethanol (TFE) und/oder Detergenzien werden üblicherweise bei 20 °C gemessen, Lipidproben entsprechend oberhalb ihrer Phasenübergangstemperatur. Anschließend werden die CD-Spektren geglättet sowie eine Basislinien-Korrektur durchgeführt, so dass bei 260 nm ein Elliptizitätswert von Null erhalten wird.

### 3.7.3 Sekundärstrukturauswertungen von CD-Spektren

Für die Berechnung der prozentualen Anteile der verschiedenen Sekundärstruktur-Elemente eines Proteins ist die Bestimmung der exakten Konzentration der gemessenen Probe erforderlich. Anhand der aromatischen Aminosäuren Tyrosin und Tryptophan in E5 kann die Konzentration durch Messung der UV-Absorption bei 280 nm ermittelt werden. Das UV-Spektrum eines 100 µl-Probenaliquots wird zwischen 240 nm und 340 nm bei einer Temperatur von 20 °C in einer 1 cm Halbmikroküvette aufgenommen. Mit Hilfe des Lambert-Beer-Gesetzes kann dann die Konzentration bestimmt werden:

$$E = \varepsilon * c * d$$

$$c = \frac{E_{280nm}}{c * d}$$

[$\varepsilon$]: molarer Extinktionskoeffizient
[d]: Schichtdicke der Küvette: 1 cm
[$E_{280}$]: Extinktion bei 280 nm

*Material und Methoden*

Der molare Extinktionskoeffizient ε hängt hierbei von der Anzahl der aromatischen Aminosäurereste Tyrosin und Trypotophan im Protein sowie im geringen Maße auch von Cystein ab und kann anhand folgender Formel bestimmt werden[82]:

$$\varepsilon = n * \varepsilon_{Tyr} + n * \varepsilon_{Trp} + n * \varepsilon_{Cys}$$

n: Anzahl Tyrosin, Tryptophan, Cystein
ε: Extinktionskoeffizient

$\varepsilon_{Tryptophan}$: 5500 [L * mol$^{-1}$ * cm$^{-1}$]

$\varepsilon_{Tyrosin}$: 1490 [L * mol$^{-1}$ * cm$^{-1}$]

$\varepsilon_{Cystin}$: 125 [L * mol$^{-1}$ * cm$^{-1}$]

Somit beträgt der molare Extinktionskoeffizienten für das E5-Wildtyp-Protein 12615 [L * mol$^{-1}$ * cm$^{-1}$] und für die verschiedenen Mutanten 12490 [L * mol$^{-1}$ * cm$^{-1}$]. Die Analyse der Sekundärstruktur-Anteile der E5-Proben erfolgt durch Verwendung verschiedener mathematischer Algorithmen, welche auf dem DICHROWEB-Server der Universität Birkbeck (London) zu Verfügung gestellt werden.[83,84] Hierbei werden die Algorithmen CONTIN LL, CDSSTR und SELCON 3 verwendet, welche die experimentell ermittelten CD-Spektren dekonvulieren und die Anteile der Basisspektren berechnen.[70,85-88] Für die Sekundärstruktur-Analyse wird ein Referenz-Datensatz bestehend aus 48 Proteinen (Set 7 im Dichroweb-Server) gewählt. Als Ergebnis erhält man die Zusammensetzung der Probe unterteilt in *Helix 1* und *2*, *β-strand 1* und *2*, *β-turn* und *random*. *Helix 1* stellt hierbei eine reguläre Helix $α_R$ aus mindestens 6 Aminosäureresten mit 3,6 Resten pro Umlauf und einer Ganghöhe von 0,54 nm dar.[88] Helix 2 entspricht einer deformierten Helix $α_D$, welche am Anfang und am Ende einer regulären Helix vorkommt und zwischen 1 und 3 Aminosäurereste umfasst. Eine ähnliche Unterteilung gilt für β-Faltblattstrukturen, wobei in dieser Arbeit aufgrund der nur geringen Anteile an $β_R$ und $β_D$ diese zu einem Wert aufaddiert werden. Die Bewertung der Qualität der Ergebnisse erfolgt durch Vergleich des experimentell gewonnenen Spektrums mit dem, aus den berechneten Sekundärstrukturanteilen ermittelten, zurückgerechneten CD-Spektrum.

*Material und Methoden*

Hierbei wird ein NRMSD (normalized root mean squared deviation)-Wert erzeugt, welcher sich nach folgender Formel berechnet[84]:

$$NRMSD = \left[ \frac{\Sigma (\theta_{exp} - \theta_{cal})^2}{\Sigma (\theta_{exp})^2} \right]^{\frac{1}{2}}$$

$\theta_{exp}$: Experimentelle molare Elliptizität
$\theta_{cal}$: Berechnete molare Elliptizität aus der Sekundärstruktur-Analyse

Um eine gute Anpassung der berechneten Spektren an die gemessenen Spektren zu gewährleisten, sollte der NRMSD-Wert im Falle von CONTIN LL und CDSSTR kleiner 0,1 bzw. bei SELCON 3 kleiner 0,25 sein.
Eine andere, ältere Methode zur Abschätzung lediglich des α-helikalen Anteils einer CD-Probe, welche nicht auf die genannten Algorithmen zurückgreift, bietet die Einzelwellenlängen-Auswertung.[72,74] Diese einfache und schnelle Methode schätzt den α-Helixanteil anhand der Absorption bei 220 nm unter Verwendung folgender Formel ab:

$$f_H = \frac{[\theta]_{220}}{[\theta_{H\infty}]_{220} * (1 - 3/N)}$$

$f_H$: fraktionaler Anteil an α-Helix in der Probe
$[\theta]_{220}$: molare Elliptizität der Probe bei 220 nm
$[\theta_{H\infty}]_{220}$: molare Elliptizität α-Helix mit maximaler Helizität bei 220 nm
$N$: Anzahl Aminosäuren im Protein

Hierbei wird angenommen, dass das CD-Spektrum eines Proteins mit 100% Helixanteil einen molaren Elliptizitätswert bei 220 nm von -37000 [deg * cm² * dmol$^{-1}$] aufweist. Der α-Helixanteil $f_H$ der Probe ergibt sich dann durch Division der experimentell ermittelten Elliptizität bei 220 nm durch die maximal erreichbare Elliptizität unter Berücksichtigung der Proteingröße.

*Material und Methoden*

## 3.7.4 OCD-Messungen

Die OCD Messung erfolgt in einem Spektropolarimeter mit einer eigens hierfür im Arbeitskreis Ulrich konstruierten OCD-Zelle, in welcher die makroskopisch orientierte Probe senkrecht zum einfallenden Lichtstrahl eingebaut wird (Abbildung 16).[88] Die Temperatur kann über einen zugeschalteten Thermostaten kontrolliert werden. Die Luftfeuchtigkeit von 97% rH wird mit gesättigter Kaliumsulfatlösung erreicht. Durch Rotation der OCD-Zelle um den Lichtstrahl kann die Probe unter acht verschiedenen Winkeln (0°, 45°, 90°, 135°, 180°, 225°, 270°, 325°) gemessen werden, wobei jeweils drei Messungen gemittelt werden. Am Ende werden die OCD-Spektren über alle Winkel gemittelt, wodurch auftretende Artefakte, vor allem verursacht durch Lineardichroismus bzw. Doppelbrechung aufgrund von Unebenheiten in der Membranoberfläche, abgeschwächt werden. Um abzuschätzen, wie stark LD-Effekte die OCD-Messungen beeinflusst haben, wird zusätzlich ein LD-Spektrum bei 0° gemessen. Entsprechend wird ein Referenzspektrum der Matrix ohne Protein aufgenommen, welches schließlich vom gemittelten Probenspektrum abgezogen wird.

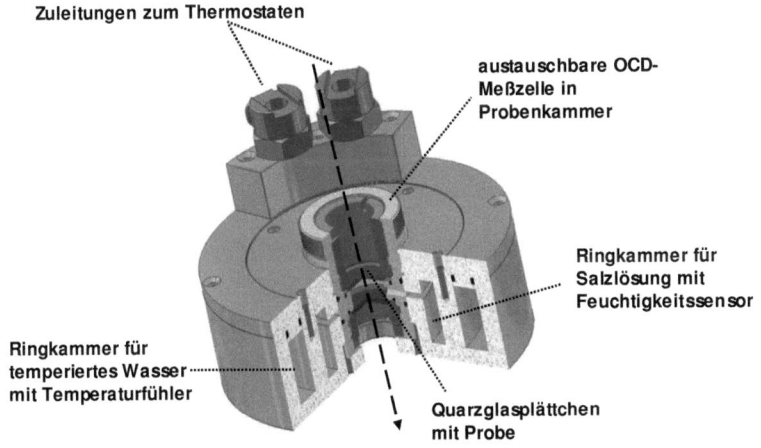

Abbildung 16: Schematischer Aufbau einer OCD-Zelle.
Die Probe wird senkrecht zum Lichtstrahl (Pfeil) in der Mitte der Zelle eingebaut und konstant über die äußeren mit $K_2SO_4$-Lösung gefüllten Kammern rehydratisiert.
Quelle: Abbildung zur Verfügung gestellt von Sigmar Roth (KIT), in Anlehnung an [89].

*Material und Methoden*

### 3.7.5 Berechnung des Neigungswinkels eines Proteins

Die OCD-Spektroskopie erlaubt unter gewissen Umständen auch die Bestimmung der Orientierung eines helikalen Proteins in der Lipidmembran. Der Neigungswinkel ist hierbei definiert als der Winkel zwischen der Helixachse der Proteinmoleküle und der Membrannormale in orientierten Lipidproben (Abbildung 17).

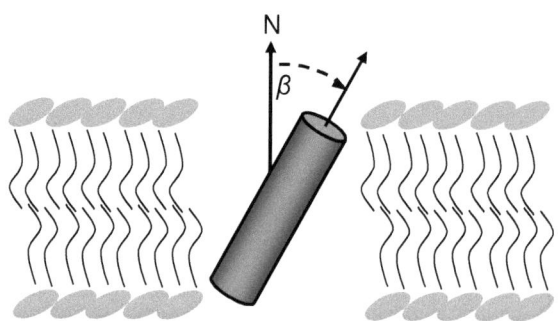

Abbildung 17: Neigungswinkel eines helikalen Membranproteins. Der Winkel $\beta$ beschreibt die Neigung der Helixachse in Bezug auf die Membran-Normale N in orientierten Lipiddoppelschichten.

Mit Hilfe des Ordnungsparamters $S_h$ kann die Ausrichtung von Proteinen in orientierten Lipid-Doppelschichten bestimmt werden. Hierbei ist der Ordnungsparameter $S_h$ definiert durch:

$$S_h = \frac{3}{2}(\cos^2 \beta - 1)$$

Der Neigungswinkel $\beta$ zwischen Membrannormalen und Helixachse kann durch Umformen aus obiger Formel berechnet werden[90,91]:

$$\cos \beta = \sqrt{(2 * S_h + 1)/3}$$

*Material und Methoden*

Hierbei wird der Helix-Ordnungsparameter $S_h$ verwendet, welcher sich nach folgender Formel ermitteln lässt:

$$S_h = S_{ref} * \frac{f_{ref}}{f_H} * \frac{([\Theta]° - [\Theta]^v)_{Probe}^{210nm}}{([\Theta]° - [\Theta]^v)_{ref}^{210nm}}$$

$S_{ref}$: Helix-Ordnungsparameter des ReferenzproteinsMelittin ($S^{ref}$ = 0,62)
$f_{ref}$: fraktionaler Helixanteil Referenz-Protein ($f_{ref}$ = 0,74)
$f_H$: fraktionaler Helixanteil Probe (siehe 3.7.3)
$[\Theta]°$: molare Elliptizität orientierte Probe
$[\Theta]^v$: molare Elliptizität nicht-orientierte Probe
$([\Theta]° - [\Theta]^v)_{ref}$: Differenzwert Referenzprotein bei 210 nm (19000 [deg*cm$^2$*decimol$^{-1}$])

Die Berechung des Neigungswinkels erfolgt mit Hilfe des Helixanteils ($f_H$), welcher anhand der CD-Probe ermittelt wird, sowie des Differenzwertes bei 210 nm ($[\Theta]°$ – $[\Theta]^v$) aus dem gemessenen OCD-Spektrum und dem entsprechenden isotropen CD-Spektrum des Proteins in Lipidvesikeln. Die 210 nm Bande ist von besonderer Bedeutung, da diese am stärksten von der Orientierung der Helix in der Membran abhängt. Zur Ermittlung des Differenzwertes bei 210 nm muss die Elliptizität des gemessenen OCD-Spektrums in molare Ellipizitäten pro Aminosäure-Rest (MRE) umgewandelt werden. Die Umrechnung erfolgt in Anlehnung an die oben für die CD-Spektren von gelösten Proteinen beschriebenen Formeln:

$$[\Theta]_{MRE} = \frac{\Theta * M_r}{10 * (n * c_g) * d} = \frac{\Theta * M_r * V}{10 * n * m * d} = \frac{\Theta * M_r * F}{10 * n * m} \quad [deg * cm^2 * dmol^{-1}]$$

wobei gilt $c_g$ [g/L] = m [g] / V [cm³]

$\Theta$: gemessene Elliptizität [deg]
d: Schichtdicke [cm]
n: Anzahl Peptidbindungen
$M_r$: Molekulargewicht des Proteins [g/mol]
F: Kreisfläche OCD-Probe [cm²]
$c_g$: Proteinkonzentration [g/L]
m: Proteinmenge [g]
V: Volumen der Probe [cm³]

*Material und Methoden*

## 3.7.6 Präparation von CD- und OCD-Proben

Bei der Herstellung von CD- bzw. OCD-Proben wird aus den lyophilisierten Protein-Fraktionen nach der Dialyse eine Protein-Stammlösung mit Hilfe von TFE hergestellt. Hierzu wird ca. 1 mg Proteinpulver mit 1 ml TFE versetzt und nichtlösliche Bestandteile sowie Verunreinigungen durch Zentrifugation (15 Minuten bei maximaler Geschwindigkeit) entfernt. Die Protein-Konzentrationen dieser E5-TFE-Stammlösungen werden durch Verdünnen mit TFE so eingestellt, dass die resultierenden CD-Spektren ein Maximum zwischen 15 bis 20 mdeg bei 195 nm aufweisen, was einer Konzentration von ca. 0,03 mg/ml bzw. ca. 6,7 µmol Protein entspricht. Aus diesen E5-TFE-Stammlösungen werden durch Entnahme der entsprechenden Aliquote die CD-Proben in Detergenzien und Lipiden hergestellt. Durch die Verwendung einer Protein-Stammlösung ist neben einer einfachen Probenherstellung auch eine hohe Reproduzierbarkeit der Ergebnisse gewährleistet. Die Lagerung der E5-TFE-Stammlösungen erfolgt bei -20 °C.

Bei der CD-Probenherstellung wird ein Aliquot der Protein-TFE-Stammlösung, welches zwischen 5 und 10 µmol Protein enthält, und ein Aliquot der Detergenz/Lipid-TFE-Stammlösung, welche die gewünschte Menge Detergenz/Lipid enthält, in ein 2 ml Glasgefäß gefüllt. Um eine homogene Verteilung der Detergenzien und Lipide zu gewährleisten wird zusätzlich noch 200 µl reines TFE zugegeben. Zum Entfernen des organischen Lösungsmittels wird die Probe anschließend unter einem $N_2$- oder Ar-Strom bis zur Trockenheit abgedampft. Um alle Spuren an Lösungsmittel vollständig zu entfernen wird die Probe über Nacht im Vakuum gehalten. Anschließend erfolgt die Rehydratisierung unter sauren pH-Wert mit angesäuertem Wasser um Aggregation zu vermeiden. Der pH-Wert kann anschließend gegebenenfalls mit 10 mM Phosphatpuffer neutralisiert werden. Die Proben werden gut gemischt und 3 Minuten im Ultraschallbad behandelt (Branson Sonifier 250, duty cycle 70%, output control 8). Lipidproben werden zusätzlich noch 10 bis 20 Minuten bei maximaler Leistung im Ultraschallwasserbad behandelt. Bis zur Messung werden die Proben oberhalb der Phasenübergangstemperatur der Lipide inkubiert.

OCD-Proben werden analog dem oben beschrieben Protokoll hergestellt. Aus den wässrigen Suspensionen der Proteoliposomen wird hierbei ein Aliquot, welches 0,2 mg Lipid enthält auf ein Quarzglas-Fenster aufgetragen, wobei eine Kreisfläche mit dem Durchmesser von 11 mm nicht überschritten werden darf, um die Probe im

*Material und Methoden*

zentral geführten Lichtstrahl in der OCD-Zelle messen zu können und reproduzierbare Ergebnisse zu gewährleisten. Die Probe wird im Luftstrom getrocknet und anschließend 3 h unter Vakuum gehalten. Die Rehydratisierung erfolgt innerhalb der OCD Zelle oberhalb der Phasen-Übergangstemperatur und bei einer Luftfeuchtigkeit von 97% über Nacht.

## 3.8 Kernspinmagnetresonanz (NMR)-Spektroskopie

Die Theorie zur NMR-Spektroskopie ist in den Abschnitten 1.3.3 und 1.3.4 beschrieben.

### 3.8.1 Präparation von NMR-Proben

Aufgrund der geringen natürlichen Häufigkeit und der niedrigen Empfindlichkeit werden $^{13}C$ und $^{15}N$ für die Strukturuntersuchungen in Proteinen angereichert. Durch Zugabe speziell markierter $^{15}N$-Stickstoff- bzw. $^{13}C$-Kohlenstoff-Quellen während der Herstellung des zu untersuchenden Proteins durch bakterielle Protein-Expression ist eine gleichförmige Markierung aller Stickstoff- bzw. Kohlenstoff-Atome möglich. Für die Stickstoff-Markierung werden entsprechende $^{15}N$-Ammoniumsalze als einzige Stickstoff-Quelle verwendet, wodurch die Stickstoff-Atome der Peptidbindungen und Seitenketten markiert werden. Die Kohlenstoff-Markierungen erfolgen über Zugabe von $^{13}C$-Glucose, so dass alle Kohlenstoffatome des Proteins markiert werden. Die Herstellung der NMR-Proben erfolgt entsprechend der CD-Probenherstellung aus 1 – 2 mg lyophilisierten $^{15}N$-markierten Proteinpulver, welches in 500 µl TFE aufgelöst wird. Zum besseren Auflösen werden die Proben ca. 5 Minuten im Ultraschallbad behandelt, bevor vorhandene nichtlösliche Bestandteile, wie Verunreinigungen und Salze, durch Zentrifugation (15 Minuten bei maximaler Geschwindigkeit) entfernt werden. NMR-Proben in reinem TFE werden anschließend mit 10 bis 20% $D_2O$ sowie 0,2 mmol DSS versetzt und der pH-Wert gegebenenfalls durch Zugabe von HCL oder NaOH korrigiert, bevor die Proben in 5 mm-Probenröhren gefüllt werden. Bei Detergenz-haltigen NMR-Proben werden 200 mM deuterierte Detergenzien ($SDS_{d25}$, $DPC_{d38}$) in Pulverform direkt zu den E5-haltigen TFE-Lösungen gegeben und das organische Lösungsmittel unter $N_2$-Strom abgedampft. Zur Entfernung restlicher Spuren von TFE werden die Proben zusätzlich über Nacht unter Vakuum gehalten. Die Rehydratisierung erfolgt anschließend in 500 µl sauren $H_2O$ (pH ~3), wodurch Aggregationen vermieden werden sollen. Gegebenfalls kann der pH-Wert nachträglich durch Zugabe von Phosphatpuffer oder NaOH verändert werden. Zum

*Material und Methoden*

vollständigen Lösen werden die Proben 5 Minuten im Ultraschallbad behandelt, bevor 10% $D_2O$ und 0,2 mmol DSS zugesetzt und die Proben in 5 mm-Probenröhren gefüllt werden.

Alle HSQC-Experimente werden an einem Bruker DMX 600 MHz Spektrometer durchgeführt. Nach dem Äquilibrieren der Proben auf eine Temperatur von 37 °C wird der „lock" auf $H_2O/D_2O$ eingestellt und die Feldhomogenität individuell optimiert. Anschließend erfolgt die $^1H$- und $^{15}N$-Pulslängenbestimmung jeweils anhand des 360° Pulses, wobei das entsprechende Signal Null sein sollte. Zur Unterdrückung des Wassersignals wird die Protonen-Einstrahlfrequenz auf die Resonanz der Wasserlinie gesetzt.

*Ergebnisse*

# 4 Ergebnisse

## 4.1 Herstellung des E5-Wildtypproteins und von E5-Mutanten

### 4.1.1 E5-Mutanten aus vorherigen Arbeiten

Das E5-Wildtyp-Gen wurde durch chemische Nukleotidsynthese synthetisiert und mittels PCR amplifiziert. In der Doktorarbeit von S. Benamira wurde das E5-Wildtyp Gen in den Expressionsvektor pMMHb einkloniert, welcher neben einem $His_9$-Tag noch zusätzlich eine *trp*-ΔLE-Sequenz enthielt (Abbildung 18).[79] Die *trp*-ΔLE-Sequenz leitet sich vom Tryptophan-Operon in *E.coli* ab, welches die Gene für den Tryptophan-Stoffwechsel enthält. Die Sequenz besteht aus der Nukleotid-Sequenz von *trp* L, welche das Trp-Leader-Peptid kodiert, und dem C-terminalen Bereich des Strukturgens *trp* E, einem Bestandteil der Tryptophan-Synthethase.[92] Fusionsproteine, welche die *trp*-ΔLE-Sequenz beinhalten, zeigen eine erhöhte Expressionsrate und können leicht aufgereinigt werden, da die Fusionsproteine in unlöslichen Inclusion Bodies (IB) eingeschlossen werden. Der $His_9$-Tag ermöglicht die Trennung der *trp*-ΔLE-E5-Fusionsproteine von anderen zellulären Proteinen, welche beim Zellaufschluss mit isoliert werden, über Affinitätschromatographie. Im letzten Schritt der Proteinherstellung erfolgt dann die Abspaltung der *trp*-ΔLE-Sequenz sowie des $His_9$-Tags durch chemische Spaltung. Hierzu wurde eine Hydroxylamin-Schnittstelle zwischen beiden Tags und E5 eingebaut.

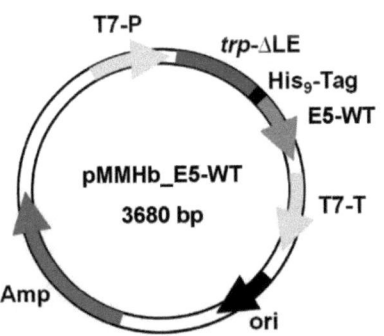

Abbildung 18: Vektorkarte des Fusionsproteins *trp*-ΔLE-E5-Wildtyp in pMMHb. *Trp*-ΔLE-Sequenz und $His_9$-Tag befinden sich N-terminal von E5 und sind über eine Hydroxylamin-Schnittstelle abspaltbar. Ampicillin (Amp), Replikationsursprung (ori), T7-Promotor (T7-P), T7-Terminator (T7-T).[79]

*Ergebnisse*

Die Dimerisierung des E5 Proteins ist ein entscheidender Faktor für die Interaktion mit dem PDGF-ß-Rezeptor. Um die Rolle der Disulfidbrücken bei dieser Dimerisierung zu untersuchen, wurden bereits in der Doktorarbeit von S. Benamira zwei Cystein-Mutanten hergestellt (Abbildung 19). Basierend auf dem E5-Wildtyp-Konstrukt wurde hierbei durch Mutagenese-PCR die Einfach-Cystein-Mutante E5-ACA hergestellt. Hierbei wurde die Aminosäure-Sequenz CSC (Position 37 bis 39 der Wildtyp-Sequenz) durch Dreifach-Substitution in ACA umgewandelt. E5-ACA kann somit nur eine Disulfidbrücke ausbilden, welche sich im Vergleich zum Wildtyp zwischen den beiden ursprünglichen Positionen befindet. Weiterhin wurde durch Substitution des Cysteins in E5-ACA die Doppel-Cystein-Mutante E5-ASA erhalten, welche keine Disulfidbrücke ausbilden kann und somit eine monomere Version des E5 Proteins darstellt. Diese Mutanten waren erzeugt worden, um in späteren Experimenten festzustellen, ob eine kovalente Dimerisierung von E5 zwingend erforderlich ist, ob eine Disulfidbrücke ausreicht und ob die Position dieser Brücke eine Rolle spielt (auch in Abhängigkeit von der noch unbekannten Sekundärstruktur).

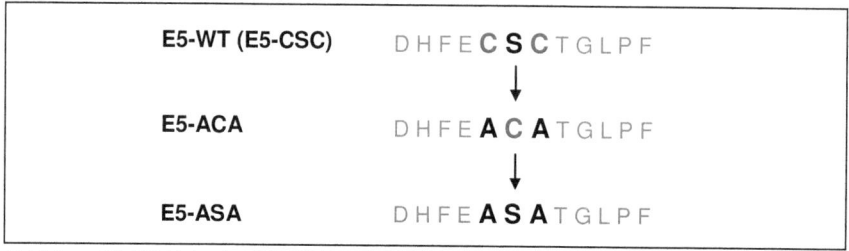

Abbildung 19: E5-Mutanten E5-ACA und E5-ASA.
Gezeigt ist jeweils die Aminosäuresequenz zwischen Asparaginsäure 33 und Phenylalanin 44, wobei das Triplett zwischen Position 37 und 39 hervorgehoben ist. E5-ACA entstand durch Mutation der Abfolge CSC zu ACA, während die Mutante E5-ASA aus E5-ACA durch Substitution des Cysteins zu Serin hervorging.

### 4.1.2 Neue Einfach-Cystein-Mutanten E5-ASC und E5-CSA

Im Rahmen dieser Arbeit wurden zwei weitere Einfach-Cystein-Mutanten hergestellt. Bei E5-ASC und E5-CSA wurde jeweils eines der beiden Cysteine des Wildtyps substituiert, so dass beide Proteine nur eine Disulfidbrücke ausbilden können (Abbildung 20). Im Vergleich zur bereits vorhandenen Einfach-Cystein-Mutante E5-

*Ergebnisse*

ACA wurde die Position der Disulfidbrücke hierbei nicht verändert. Die Untersuchung dieser beiden Mutanten soll zeigen, ob die beiden Proteinstränge parallel zueinander angeordnet sein müssen um die Disulfidbrücke zu bilden, oder ob eine antiparallele Vernetzung der beiden Cysteine (sozusagen überkreuz) für die Strukturbildung und Funktion von E5 vorliegen muss.

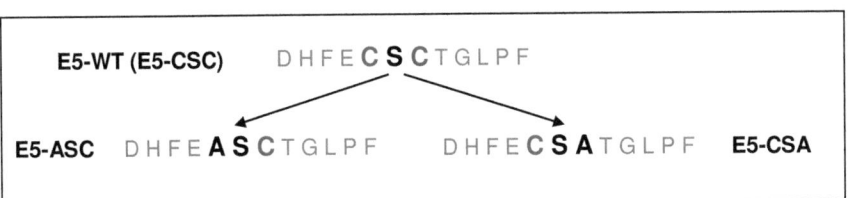

Abbildung 20: E5-Mutanten E5-ASC und E5-CSA.
Gezeigt ist jeweils die Aminosäuresequenz zwischen Asparaginsäure 33 und Phenylalanin 44, wobei das Triplett zwischen Position 37 und 39 hervor gehoben ist. Bei E5-ASC wurde das Cystein an Position 39 durch Alanin ersetzt, bei E5-CSA entsprechend Cystein 37.

Die Herstellung der beiden Einfach-Cystein-Mutanten erfolgte durch Mutagenese-PCR basierend auf dem *trp*-ΔLE-E5-Wildtyp-Konstrukt mit Hilfe des Quick Change Site Directed Mutagenese-Kits. Hierbei wurden spezielle Mutagenese-Primer verwendet, welche die entsprechende Mutation auf DNA-Ebene einbauen, so dass auf Proteineebene es zu einem Aminosäureaustausch von Cystein zu Alanin kommt. Bei E5-ASC wurde das Nukelotid-Triplett TGC der Wildtyp-Sequenz zu GCT umgewandelt; bei E5-CSA entsprechend das Triplett TGT zu GCT getauscht (Abbildung 21).

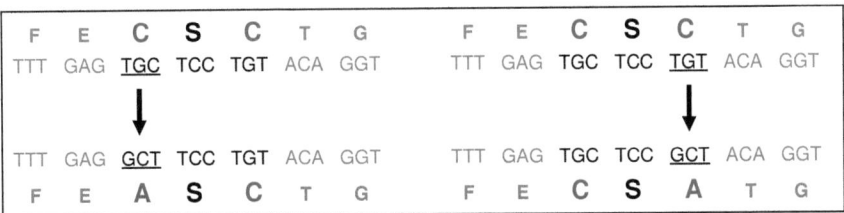

Abbildung 21: Mutagenese-PCR zur Herstellung von E5-Mutanten.
Gezeigt ist der Bereich zwischen Phenylalanin 35 und Glycin 41 sowie die zugehörigen Nukleotid-Codons. Bei E5-ASC wurde das Triplett TGC durch GCT ersetzt. Im Falle von E5-CSA wurde entsprechend das Triplett TGT ersetzt.

*Ergebnisse*

Der Erfolg der Mutagenese-PCR wurde anschließend durch DNA-Sequenzierung überprüft. Sowohl für E5-ASC als E5-CSA wurde die jeweiligen Substitutionen erfolgreich umgesetzt (Abbildung 22).

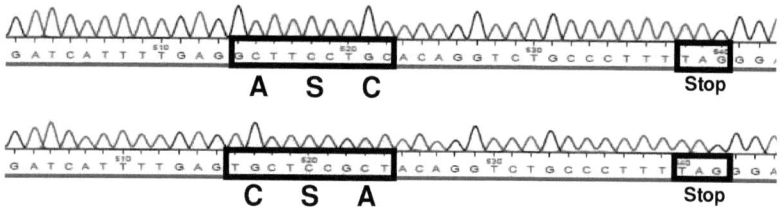

Abbildung 22: Sequenzierergebnisse E5-ASC und E5-CSA.
Auszug aus den Ergebnissen der Sequenzierung für *trp*-ΔLE-E5-ASC und -CSA. Gezeigt ist der kodierende DNA-Bereich für beide E5-Mutanten zwischen Asparaginsäure 33 und dem Stop-Codon.

### 4.1.3 Herstellung und Aufreinigung der *trp*-ΔLE-E5-Fusionsproteine

Alle E5-Konstrukte wurden in *E.coli* BL21 (DE3) transformiert und in LB-Medium exprimiert, um ausreichende Mengen an Protein für die Strukturuntersuchungen mit CD herzustellen. Zur $^{15}$N-Isotopen-Markierung für NMR-spektroskopische Untersuchungen wurde entsprechend M9-Minimalmedium verwendet, welches ($^{15}$NH$_4$)$_2$SO$_4$ als einzige Stickstoffquelle enthält. Alle Kulturen wurden bei 37 °C und 220 rpm im Schüttelinkubator wachsen gelassen, wobei die LB-Kulturen im Allgemeinen eine verlängerte Anlaufphase (lag-Phase) im Vergleich zu den M9-Kulturen zeigten. Beim Erreichen einer optischen Dichte OD$_{600}$ von ca. 0,6 bis 0,8 wurde die Proteinexpression durch Zugabe von 0,2 mM IPTG induziert. Sowohl im Vollmedium als auch im Minimalmedium erreichte die Expression der *trp*-ΔLE-E5-Fusionsproteine ihren Höhepunkt nach etwa sechs Stunden, weswegen zu diesem Zeitpunkt die Zellernte erfolgte (Abbildung 23). In beiden Medien wurde auch eine geringe Basalexpression der Fusionsproteine vor der Induktion festgestellt. Für alle E5-Varianten wurden durchschnittlich pro Liter LB-Medium ca. 4 g bzw. pro Liter M9-Minimalmedium 2 g Zellmasse (Nassgewicht) gewonnen.

*Ergebnisse*

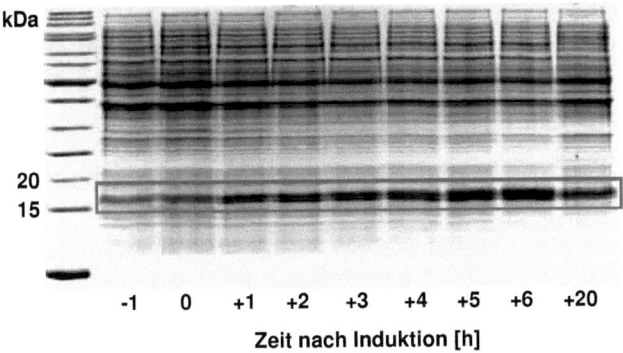

Abbildung 23: SDS-Gelelektrophorese Expression E5-Wildtyp.

Expression des 18,6 kDa trp-ΔLE-E5-Wildtyp-Fusionsproteins in M9-Minimalmedium zwischen 1 h vor Induktion (-1) und 20 h nach Induktion (+20). Die Expression erreicht ihren Höhepunkt nach ca. 6 Stunden.

Im Allgemeinen scheint der Fusionsproteinansatz mit der trp-ΔLE-Sequenz gut geeignet für die Expression bestimmter hydrophober Membranproteine zu sein, da auf die gleiche Weise unter anderem auch die Transmembrandomäne des PDGF-β-Rezeptors erfolgreich im Arbeitskreis Ulrich hergestellt werden kann (Hoffmann, S., persönliche Kommunikation).

Zur Isolierung der E5-Fusionsproteine wurden die Zellen mittels mehrmaliger Ultraschallbehandlung aufgeschlossen und alle löslichen Bestandteile jeweils durch Zentrifugation abgetrennt. Die E5 enthaltenden IB verblieben hierbei aufgrund ihres Gewichts im Pellet und konnten auf diese Weise einfach isoliert werden. Der Vergleich der IB-Fraktion des E5-Wildtyp-Proteins vor und nach der Affinitätschromatographie mittels analytischer HPLC zeigt, dass die Affinitätschromatographie zu keiner Verbesserung der Reinheit führt (Abbildung 24). Nach dem Zellaufschluss bestand die IB-Fraktion hauptsächlich aus Fusionsproteinen, wobei diese als Monomere und kovalente Dimere vorlagen. Während des Zellaufschlusses kam es zu einer spontanen, aber unvollständigen Dimerisierung der Fusionsproteine durch Sauerstoff. Da die trp-ΔLE-Sequenz selbst über keine Cysteine verfügt, konnte die Dimerisierung der Fusionsproteine nur über die Cysteine in E5 erfolgen. Wahrscheinlich wird die spontane Oxidation durch Guanidin-Hydrochlorid begünstigt, welches als Denaturierungsmittel für die Entfaltung der Proteine sorgt, wodurch die Cysteine frei zugänglich für die

*Ergebnisse*

Dimerisierung sind. Neben E5 wurden in geringem Maße noch verschiedene Verunreinigungen festgestellt, wobei diese auch nicht durch die Affinitätschromatographie zu entfernen waren. Hierbei handelte es sich möglicherweise um verschiedene E5-Abbruch-Proteine, welche während der Expression unvollständig gebildet wurden, aber noch über einen N-terminalen $His_9$-Tag verfügten, wodurch sie mit aufgereinigt wurden. Das Vorhandensein dieser Verunreinigungen konnte aber an dieser Stelle vernachlässigt werden, da sie durch die Aufreinigung der Hydroxylamin-Verdauprodukte im letzten Schritt der Herstellung von E5 mittels HPLC letztendlich entfernt wurden. Die hier beschriebenen Beobachtungen wurden auch bei den verschiedenen E5-Mutanten gemacht, weswegen im weiteren Verlauf dieser Arbeit auf die Anwendung der His-Tag-Säule verzichtet werden konnte.

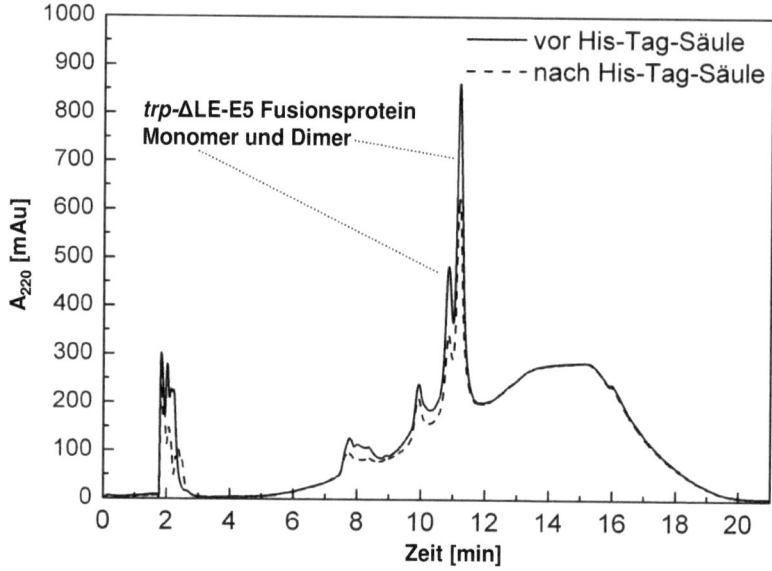

Abbildung 24: Aufreinigung E5-Wildtyp mit und ohne Affinitätschromatographie.
HPLC-Chromatogramm (Detektion bei 220 nm) des Vergleichs der *trp*-ΔLE-E5-Wildtyp enthaltenden IB-Fraktion vor und nach der Affinitätschromatographie mittels analytischer HPLC (C18-Säule, linearer Gradient mit 9,5% B/min Steigung). Monomere Fusionsproteine eluierten bei 11 Minuten, dimere Proteine bei ca. 11,5 Minuten, während verschiedene andere Verunreinigungen bereits vorher von der Säule eluieren.

*Ergebnisse*

### 4.1.4 Hydroxylaminspaltung und Aufreinigung von E5

Nach dem Zellaufschluss wurden die IB-Fraktionen direkt in der Hydroxylamin-Verdaulösung aufgenommen und über Nacht bei 45 °C inkubiert. Eine Hydroxylamin-Schnittstelle befindet sich bei allen E5-Konstrukten zwischen E5 und der trp-ΔLE-Sequenz mit His$_9$-Tag. Durch die Spaltung mit Hydroxylamin werden diese Tags vom E5 Protein abgespalten, wobei N-terminal ein Glycin zurück bleibt. Zur HPLC-Aufreinigung der verschiedenen E5-Proteine wurde eine Polymersäule verwendet und die Qualität der Aufreinigung durch analytische HPLC kontrolliert. Das zu trennende Probengemisch des Hydroxylamin-Verdaus bestand aus den verschiedenen Spaltprodukten, hierunter E5 und die abgespaltene trp-ΔLE-Sequenz mit His$_9$-Tag sowie einem Rest ungespaltener Fusionsproteine. Hierbei wurde festgestellt, dass sowohl das E5-Wildtyp-Protein wie auch die verschiedenen Einfach-Cystein-Mutanten jeweils als Monomer und Dimer eluierten (Abbildung 25). Da nur das dimere E5-Protein biologisch aktiv ist, sollte mittels HPLC auch Monomer und Dimer voneinander getrennt werden. Monomer und Dimer haben bis auf ihre Masse sehr ähnliche chemische Eigenschaften, weswegen die chromatographische Auftrennung schwierig ist. Um das E5-Dimer in semipräparativen Maßstab vom monomeren E5 zu trennen und in ausreichenden Mengen sauber zu erhalten, wurden verschiedene Modifikationen der Aufreinigungsbedingungen, hierunter unterschiedliche Gradienten, Temperaturen, Lösungsmittel-Zusammensetzungen und Flussraten getestet. Letztendlich gelang die Trennung von Monomer und Dimer sowie der anderen Verdau-Produkte durch eine Kombination aus einem mehrstufigen Gradienten und wechselnden Flussraten bei einer Temperatur von 60 °C. Die ersten beiden Segmente des Gradienten dienen dazu alle anderen Proteine, welche weniger hydrophob als E5 sind, abzutrennen, so dass nur noch die monomeren und dimeren E5-Moleküle an die Säule gebunden bleiben. In diesen Segmenten eluierten somit ungespaltene Fusionsproteine, abgespaltene trp-ΔLE-Sequenz mit His$_9$-Tag, eventuell vorhandene Verunreinigungen, sowie die Salze der Hydroxylamin-Verdaulösung. Nach einer kurzen Plateauphase, in welcher die Flussrate von 6 ml/min auf 2 ml/min reduziert wird, erfolgt die separate Elution von monomeren und dimeren E5 im dritten Segment des Gradienten. Hierbei eluierte das E5-Wildtyp-Protein sowie die Einfach-Cystein-Mutanten E5-ASC, -CSA und -ACA in zwei klar unterscheidbaren Fraktionen, während die Doppel-Cystein-Mutante E5-ASA in nur einer Fraktion von der Säule eluierte.

*Ergebnisse*

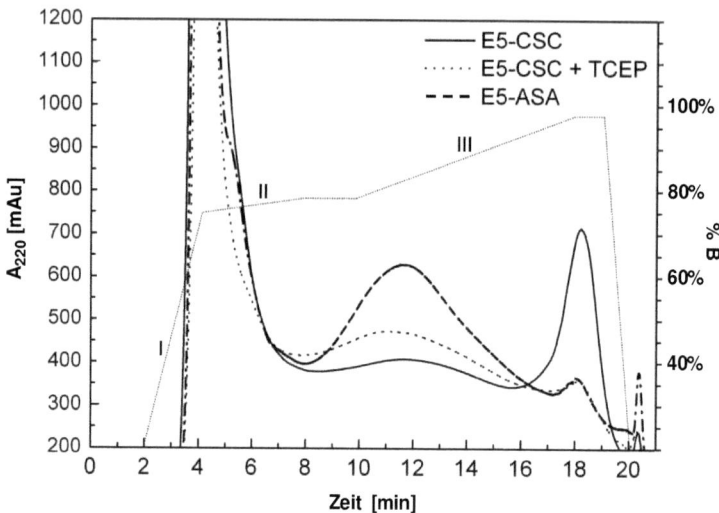

Abbildung 25: HPLC-Chromatogramm Aufreinigung E5-Wildtyp und E5-ASA.

HPLC-Chromatogramm (Detektion bei 220 nm) der semipräparative Aufreinigung von trp-ΔLE-E5-Wildtyp und trp-ΔLE-E5-ASA nach dem Hydroxylamin-Verdau. Die zweite Y-Achse beschreibt die Volumen-Prozente von Lösungsmittel B. Zur Aufreinigung wurde ein mehrstufiger Gradient (gestrichelte Linie) verwendet. In den ersten beiden Segmenten (I und II) des Gradienten eluierten ungespaltene Fusionsproteine, abgespaltene trp-ΔLE-Sequenz mit $His_9$-Tag, sowie eventuell vorhandene Verunreinigungen. Im dritten Segment (III) eluierte E5 als Monomer (8 – 14 min) bzw. als Dimer (17 – 19 min). Durch Reduktionsmittel wie TCEP kann die Dimerfraktion entsprechend in Monomer umgewandelt werden.

MALDI-TOF-Messungen der verschiedenen HPLC-Fraktionen ergaben, dass es sich bei den Fraktionen mit einer Retentionszeit (RZ) von ca. 12 Minuten jeweils um monomeres E5 handelte, während die Fraktionen mit RZ=18 Minuten den Dimeren entsprachen (siehe folgender Abschnitt). Durch die Zugabe von Reduktionsmitteln wie TCEP konnte die Dimerfraktion bei RZ=18 Minuten in die entsprechende Monomerfraktion bei RZ=12 Minuten umgewandelt werden, was durch Massenspektroskopie bestätigt wurde. Auf diese Weise konnte auch gezeigt werden, dass es sich bei der Dimerfraktion tatsächlich um kovalente Dimere handelte, welche Disulfidbrücken ausgebildet hatten. Unabhängig von der Cystein-Mutation zeigte das Wildtyp-Protein sowie die verschiedenen Einfach-Cystein-Mutanten durchschnittlich ein Verhältnis von 40%:60% von Monomer:Dimer. Weder beim Wildtyp noch bei einer der Mutanten wurde eine vollständige Dimerisierung beobachtet.

*Ergebnisse*

## 4.2 Charakterisierung des Wildtypproteins und der E5-Mutanten

### 4.2.1 Reste von Guanidin-Hydrochlorid nach der Aufreinigung

Um das native Protein in reiner Form zu erhalten sollte neben der Trennung der verschiedenen Verdauprodukte die Aufreinigung mittels HPLC auch genutzt werden um E5 vom Guanidin-Hydrochlorid abzutrennen, welches während des Zellaufschlusses und des Hydroxylamin-Verdaus benutzt wurde. Dies ist notwendig, da die Anwesenheit von Guanidin-Hydrochlorid als Denaturierungsmittel die Ausbildung von Wasserstoffbrücken verhindert. Mit Hilfe von Flüssigkeits-NMR wurde festgestellt, dass selbst nach der Aufreinigung von E5 durch HPLC nach obigem Protokoll immer noch Reste von Guanidin-Hydrochlorid vorhanden waren (Abbildung 26). Um alle verbleibenden Salzreste vollständig zu entfernen wurde nach dem Auftragen des Probengemischs auf die HPLC-Säule und vor dem Start des oben beschrieben Gradienten mehrmals mit Wasser nachgespült. Zusätzlich wurden alle Fraktionen nach der HPLC anschließend mehrere Tage gegen destilliertes Wasser dialysiert. Auf diese Weise sollten gewährleistet sein, dass alle eventuell noch vorhandene Salzreste entfernt werden.

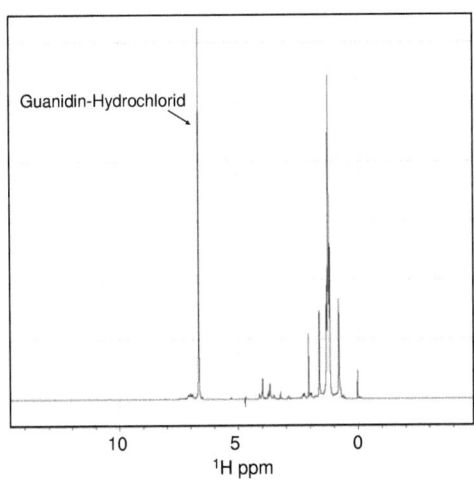

Abbildung 26: $^1$H-1D-NMR-Spekrum E5-Wildtyp.
1D-NMR-Spektrum von E5-Wildtyp in 200 mM SDS bei 40 °C als Kontrolle der Sauberkeit nach der Aufreinigung. Neben den Signalen der aliphatischen SDS-Moleküle wurde auch ein Signal bei δ ($^1$H) = 6,8 ppm detektiert, welches als Verunreinigung mit Guanidin-Hydrochlorid identifiziert werden konnte.

*Ergebnisse*

## 4.2.2 Identifizierung von E5-Monomer und -Dimer durch MALDI-TOF

Zur Identifizierung der verschiedenen E5-Proteine und zur Überprüfung der Reinheit nach der Aufreinigung wurden die verschiedenen HPLC-Fraktionen mittels Massenspektrometrie untersucht. Hierfür wurde MALDI-TOF (Matrix Assisted Laser Desorption/Ionisation-Time of Flight) genutzt. Die Berechnung der theoretischen Massen der verschiedenen E5-Proteine erfolgte mit Hilfe des Programms „PeptideMass" (http://www.expasy.org/cgi-bin/peptide-mass.pl), wobei nachfolgend jeweils die durchschnittlichen Massen angegeben sind. Die Massen der entsprechenden kovalenten E5-Dimere errechnen sich durch Multiplikation der theoretischen Monomermassen mal 2 abzüglich 4 Da (bei E5-CSC) bzw. 2 Da (bei E5-ASC, -CSA und -ACA) für entsprechend 4 bzw. 2 abgespaltene Protonen aufgrund zweier bzw. einer geschlossenen Disulfidbrücke(n). Für die Bestimmung der exakten Massen wurde jeweils eine interne Kalibrierung genutzt.

Beispielhaft sind die Massenspektren für die Monomer- und Dimerfraktion für E5-ACA in Abbildung 27 gezeigt. Bei der Monomerfraktion wurden neben der erwarteten Molekülmasse $[M_{Mono}]^+$ zusätzlich auch Massen mit zusätzlichen Vielfachen von 16 Da detektiert, was auf eine nicht-spezifische Oxidation durch Sauerstoff schließen lässt. Hierbei könnte es zur Oxidation der Schwefelatome und anderer funktioneller Gruppen gekommen sein, was auch erklären würde, warum alle Versuche einer vollständige Dimerisierung durch gezielte Oxidation zu erreichen bisher fehlgeschlagen sind. Auch bei den anderen Cystein-haltigen E5-Varianten wurden diese zusätzlichen Massen beobachtet.

Bei der Dimerfraktion konnte die molekulare Masse des Dimers $[M_{Dimer}]^+$ nachgewiesen werden. Neben dieser Masse wurde auch die entsprechende Monomermasse detektiert, wobei aufgrund der niedrigen Auflösung nicht unterschieden werden konnte, ob es sich hierbei um Verunreinigungen mit Monomer oder um die doppelt geladenen Dimere $[M_{Dimer}]^{2+}$ handelte.

*Ergebnisse*

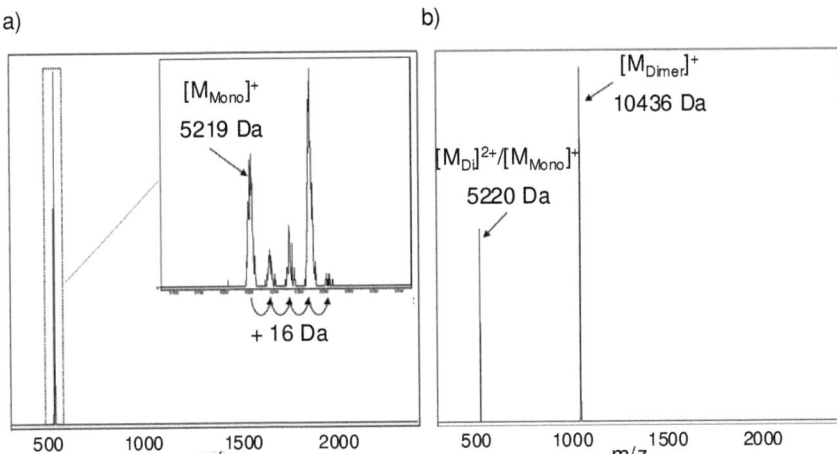

Abbildung 27: MALDI-TOF Massenspektren.
Massenspektren der Monomerfraktion (a) und Dimerfraktion (b) von E5-ACA. Im Ausschnitt in a) ist der Bereich zwischen 5.15 – 5.35 kDa vergrößert dargestellt. Hierbei wurden neben der erwarteten Monomermasse $[M_{Mono}]^+$ noch zusätzlich weitere Massen mit Vielfachen von 16 Da detektiert, welche auf unspezifische Oxidation mit Sauerstoff hindeuten. Bei der Dimerfraktion wurde noch die Monomermasse oder das zweifach geladene Dimer gefunden. Siehe hierzu auch Tabelle 1.

Insgesamt konnten bei den massenspektrometrischen Untersuchungen der verschiedenen E5-Varianten jeweils die erwarteten Molekülmassen sowohl für das Monomer als auch Dimer nachgewiesen werden (Tabelle 1). Die gemessenen Monomermassen stimmen gut mit den theoretischen Massen überein, wodurch der Erfolg der verschiedenen Cysteinsubstitutionen somit auch auf Proteinebene nachgewiesen werden konnte. Anhand der guten Übereinstimmung zwischen theoretischer und gemessener Masse kann auch, wie oben anhand der Reduzierbarkeit mit TCEP gezeigt, von einer kovalenten Dimerisierung ausgegangen werden. Da bei den verschiedenen Einfach-Cystein-Mutanten jeweils auch ein Dimer nachgewiesen werden konnte, scheint grundsätzlich ein Cystein bzw. eine einzige Disulfidbrücke ausreichend für die kovalente Dimerisierung von E5 zu sein.

*Ergebnisse*

| Variante | Monomer-Fraktion | | Dimer-Fraktion | | |
|---|---|---|---|---|---|
| | $[M_{Mono}]^+_{erwartet}$ | $[M_{Mono}]^+_{gemessen}$ | $[M_{Dimer}]^+_{erwartet}$ | $[M_{Dimer}]^+_{gemessen}$ | $[M_{Dimer}]^{2+}/[M_{Mono}]^+$ |
| E5-WT (E5-CSC) | 5267.48 | 5268.36 | 10530.96 | 10532.66 | 5266.69 |
| E5-ASC | 5235.42 | 5235.90 | 10468.84 | 10468.97 | 5236.90 |
| E5-CSA | 5235.42 | 5239.13 | 10468.84 | 10469.15 | 5237.84 |
| E5-ACA | 5219.42 | 5220.80 | 10436.84 | 10436.42 | 5220.38 |
| E5-ASA | 5203.36 | 5205.30 | - | - | - |

Tabelle 1: Ergebnisse der MALDI-TOF Messungen der verschiedenen HPLC-Fraktionen von allen E5-Varianten. Angegeben sind jeweils die durchschnittlichen Molekülmassen. Die Monomermassen stimmen gut mit den berechneten Molekülmassen überein. Bei den Dimerfraktionen wurden zusätzlich zu den erwarteten Dimermassen noch Monomermassen detektiert, welche entweder auf Spuren von anwesenden Monomere $[M_{Mono}]^+$ oder auf doppelt geladene Dimere $[M_{Dimer}]^{2+}$ zurückzuführen sind.

### 4.2.3 Verhalten von E5-Monomer und -Dimer bei der SDS-PAGE

Zusätzlich den massenspektrometrischen Massenbestimmungen wurden die Monomer- und Dimerfraktionen der verschiedenen E5-Proteine auch mit SDS-PAGE Gelelektrophorese untersucht. Hierzu wurden nach der Lyophilisation die getrockneten Proteinproben in nicht-reduzierenden SDS-Probenpuffer aufgenommen, wodurch die Disulfidbrücken erhalten blieben, und in einem 16% Tris-Tricin-Gel elektrophoretisch aufgetrennt. Bei allen E5-Proteinen traten neben den erwarteten Proteinbanden von Monomer und Dimer im höher molekularen Bereich des Trenngels auch noch große, nicht aufgelöste Proteinbanden auf, welche vermutlich auf Proteinaggregation aufgrund ungenügender Solubilisierung durch den SDS-Probenpuffer zurückzuführen sind. Selbst die Verwendung höherer SDS-Konzentrationen im Probenpuffer konnte diese Proteinaggregate nicht auftrennen. Zur besseren Auflösung wurde zusätzlich zwischen Trenn- und Sammelgel ein 10%-Zwischengel gegossen, welches wie ein Sieb die größeren Proteinaggregate herausfilterte, wodurch die Qualität der Gele deutlich verbessert werden konnte.
In der Literatur wird für das E5-Wildtyp-Protein ein von der tatsächlichen Masse abweichendes Laufverhalten im SDS-Gel beschrieben (siehe beispielsweise [27]). Entsprechend zeigten das Wildtyp-Protein sowie die verschiedenen E5-Mutanten ein ähnliches Verhalten bei der SDS-Gelelektrophorese. Generell lief das Monomer auf Höhe von ca. 11 kDa, während das Dimer bei ca. 14 kDa zu erkennen war. Bei allen E5-Proteinen zeigte die Monomerfraktion im SDS-Gel neben der erwarteten Monomerbande noch eine zusätzlich Bande auf Höhe des Dimers (Abbildung 28a).

*Ergebnisse*

Da insbesondere auch bei E5-ASA, welches keine kovalenten Dimere ausbilden kann, diese Bande aufgetreten ist, kann bei allen Monomer-Proben von einer nichtkovalenten Dimerisierung ausgegangen werden. Bei der Dimerfraktionen des E5-Wildtyp-Proteins und der verschiedenen Einfach-Cystein-Mutanten traten hingegen - wie erwartet - vor allem Dimerbanden auf (Abbildung 28b).

Das Vorhandensein dieser Dimerbanden bei den Einfach-Cystein-Mutanten E5-ASC, -CSA und -ACA deutet darauf hin, dass eine einzige Disulfidbrücke ausreichend für die kovalente Dimerisierung von E5 ist.

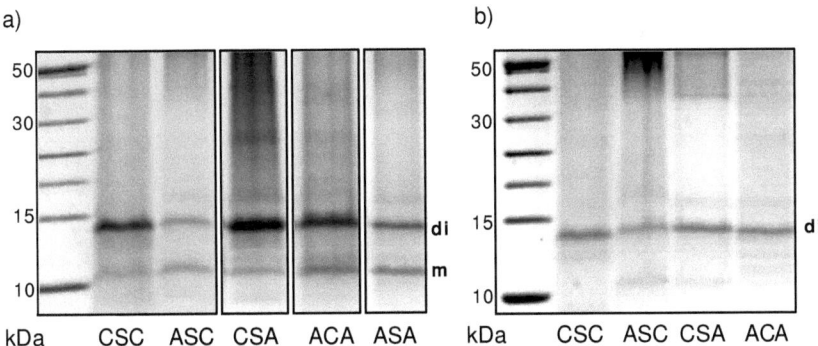

Abbildung 28: SDS-Gelelektrophorese Monomer- und Dimerfraktion.
Elektrophoretische Auftrennung der verschiedenen E5-Proteine unter nicht-reduzierenden Bedingungen. a) Monomerfraktionen HPLC, b) Dimerfraktionen HPLC, Monomer (m), Dimer (di).

Neben der Analyse unter nicht-reduzierenden Bedingungen wurde die Dimerfraktion des E5-Wildtyp-Proteins und der Einfach-Cystein-Mutanten auch unter reduzierenden Bedingungen untersucht. Hierbei wurden je E5-Variante ein Aliquot der SDS-Gelproben mit 100 mM DTT oder TCEP inkubiert und ein weiteres Aliquot zum Vergleich unbehandelt belassen. Trotz ausreichend langer Inkubationszeiten konnte bei keiner E5-Variante eine Monomerbande im Gel erzeugt werden (Abbildung 29a und b). Stattdessen kam es hauptsächlich zu Veränderungen im höher-molekularen Bereich des Trenn- und Zwischengels. Während unter nicht-reduzierenden Bedingungen große Proteinaggregate durch das Zwischengel herausgefiltert wurden, liefen diese unter reduzierenden Bedingungen weiter ins Gel hinein. Außerdem sind Gelbanden erkennbar, welche neben Dimeren auch Trimeren, Tetrameren und Pentameren entsprechen könnten.

*Ergebnisse*

Um eine vollständige Reduktion aller Proteine zu erreichen wurden die E5-Proteine in einem zweiten Ansatz zuerst in TFE aufgelöst und mehrere Stunden mit Reduktionsmittel inkubiert. Anschließend wurde das organische Lösungsmittel unter einem Strom von Stickstoff abgedampft und schließlich SDS-Probenpuffer zugegeben. Auf diese Weise sollte sichergestellt werden, dass die Reduktion nicht durch die Anwesenheit von Detergenzien beeinflusst wird. Zum Vergleich wurden unbehandelte Gelproben sowie Proben, bei denen wie oben beschrieben das Reduktionsmittel erst nach dem Auflösen in nicht-reduzierenden Probenpuffer zugegeben wurde, mit aufgetragen. Für das E5-Wildtyp-Protein ist das entsprechende Ergebnis in Abbildung 29c) dargestellt. Hierbei trat bei der unbehandelten Gelprobe erwartungsgemäß nur eine Dimerbande auf, und bei der Probe, bei welcher das Reduktionsmittel nachträglich zugegeben wurden die gleichen Effekte wie oben beschrieben beobachtet. Bei der Probe, welche vor der Zugabe des Probenpuffers reduziert wurde, konnte jedoch ein verändertes Laufverhalten im Gel beobachtet werden, wobei eine neue sichelförmige Bande zwischen der erwarteten Höhe des Monomers und Dimers auftrat. Das Laufverhalten dieser Bande zeigte sich in mehreren Wiederholungen als nur mäßig reproduzierbar und könnte auch auf Störungen durch anwesende Salze hinweisen.

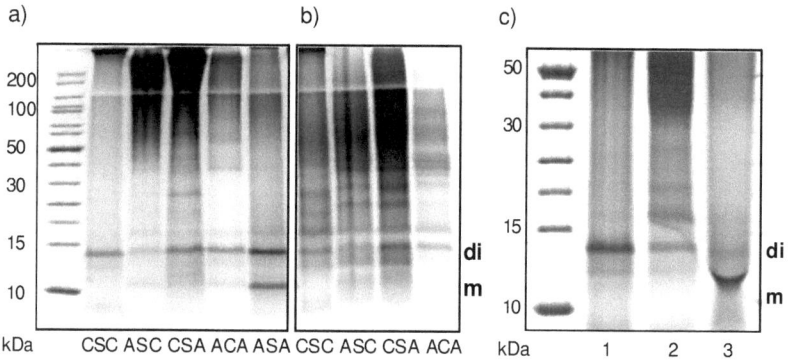

Abbildung 29: SDS-Gelelektrophorese E5-Wildtyp und Mutanten. Elektrophoretische Auftrennung unter nicht-reduzierenden (a) und reduzierenden Bedingungen (b). Bei den Reduktionen mit 100 mM DTT wurde das Reduktionsmittel zu den entsprechenden Aliquoten der nicht-reduzierten Proben im SDS-Probenpuffer zugeben. c) Vergleich der Reduktion E5-Wildtyp vor und nach der Zugabe des SDS-Probenpuffers. 1: unbehandelte Probe unter nicht-reduzierenden Bedingungen, 2: Reduktion nachträglich im SDS-Probenpuffer, 3: Reduktion vor Zugabe des SDS-Probenpuffers. Monomer (m), Dimer (di).

*Ergebnisse*

## 4.3 Herstellung von CD- und OCD-Proben

### 4.3.1 Anpassung der Standardprotokolle

Für die Sekundärstrukturuntersuchungen wurden die verschiedenen E5-Proteine in Detergenzien und Lipiden rekonstituiert und mittels CD-Spektroskopie untersucht. Hierbei stellte sich im Laufe dieser Arbeit heraus, dass die Präparation der Proben der absolut entscheidende Aspekt ist, welcher über Erfolg und Misserfolg entscheidet. Die erfolgreiche Rekonstitution von E5 in Mizellen und Liposomen hängt maßgeblich von der Herstellungsweise und den exakten Bedingungen ab. Als viel versprechende Methode stellte sich das gemeinsame Lösen von Proteinen und Detergenzien bzw. Lipiden in organischen Lösungsmitteln heraus. Beim Abdampfen der organischen Lösungsmittel werden dann die hydrophoben E5-Proteine zwischen die Lipidketten eingelagert, so dass es bei der anschließenden Rehydratisierung nicht zur Aggregation kommt.

### 4.3.2 Einfluss des pH-Werts auf die Rekonstitution

Der pH-Wert spielt bei der erfolgreichen Rekonstitution von allen E5-Varianten sowohl in Detergenzien wie auch in Lipiden eine entscheidende Rolle. Generell zeigten alle CD-Proben welche unter neutralen Bedingungen rehydratisiert worden sind Anzeichen von Proteinaggregation. Dies äußerte sich in mehr oder weniger stark auftretender Trübung der rehydratisierten CD-Proben. Entsprechend wurde bei allen E5-Varianten eine deutliche Bandenverschiebungen und Signalreduktion des Maximums und des Minimums bei 208 nm beobachtet. Beispielsweise kam es beim E5-Wildtyp-Protein in 10 mM DPC-Mizellen bei pH 7 zu einer Rot-Verschiebung und Verringerung der CD-Signale bei 195 nm und 208 nm (Abbildung 30). Durch die Proteinaggregation bei neutralem pH-Wert kam es durch die Zusammenlagerung mehrerer Proteinmoleküle zu einer Zunahme der Partikelgröße sowie zu einer inhomogenen Verteilung der Chromophore, was zu Lichtstreuung und Absorptionsabflachung führte. Dies beeinflusste die CD-Messung vor allem im Bereich der Peptidabsorptionsbande zwischen 190 und 210 nm.[93] Dieser Effekt der Absorptionsabflachung ist bei kürzeren Wellenlängen stärker ausgeprägt als bei längeren Wellenlängen, wodurch neben dem Intensitätsverlust zusätzlich noch eine Verzerrung der CD-Linienform auftritt, die dann den (falschen) Eindruck einer veränderten Sekundärstruktur vermittelt. Wahrscheinlich lagen aber die aggregierten E5-Moleküle weiterhin in einer helikalen Sekundärstruktur vor. Wurden die Proben

*Ergebnisse*

hingegen bei sauren pH-Wert rehydratisiert oder wurde der pH-Wert der neutralen Proben erniedrigt, konnte bei allen E5-Varianten die nicht-aggregierte α-helikale Sekundärstruktur beobachtet werden. Während die beschriebenen Effekte auch in den meisten anderen Detergenzien in ähnlicher Weise beobachtet wurden, waren in SDS-Mizellen die pH-bedingten Veränderungen vergleichsweise gering. In 30 mM SDS zeigte das E5-Wildtyp-Protein auch unter neutralen Bedingungen bereits eine helikale Struktur, welche durch die Zugabe von Säure nur noch gering beeinflusst wurde (Abbildung 30). Aufgrund der hohen kritischen Mizellenkonzentration wurde eine SDS-Konzentration von 30 mM und somit die dreifache Menge im Vergleich zu allen anderen Detergenzien genutzt. Dies deutet darauf hin, dass neben dem pH-Wert auch das Verhältnis von Protein- zu Detergenzmolekülen eine wichtige Rolle bei der Rekonstitution von E5 spielt.

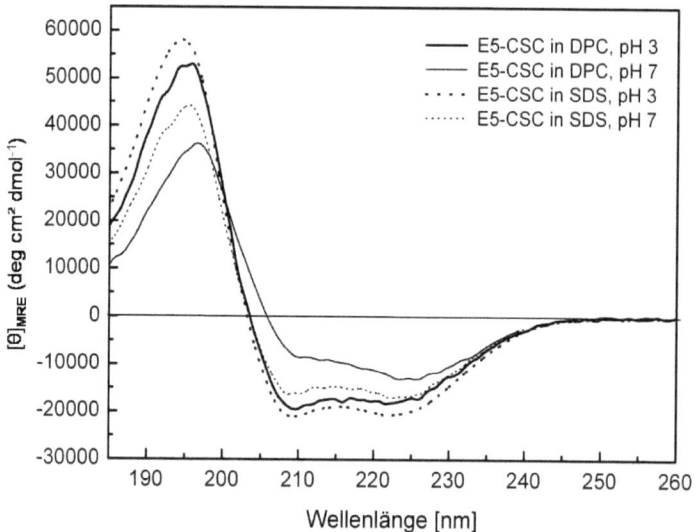

Abbildung 30: pH-Abhängigkeit der Sekundärstruktur des E5-Wildtyp-Proteins.
Die unter neutralen Bedingungen rehydratisierten Proben zeigten in DPC (10 mM DPC, P:D=1:1500) Anzeichen von Aggregation, welche durch Veränderung des pH-Werts auf ~3 rückgängig gemacht werden konnte. In SDS (30 mM SDS, P:D=1:4500) hingegen war der Effekt weniger stark ausgeprägt.

*Ergebnisse*

Da E5 hauptsächlich aus hydrophoben Aminosäuren besteht, kommen nur wenige Aminosäuren in Frage, deren Seitenketten durch die pH-Wertänderung beeinflusst werden können, hierunter die beiden sauren Aminosäuren Asparaginsäure 33 und Glutaminsäure 36 sowie die basische Aminosäure Histidin 34. Anhand der $pK_a$-Werte der Seitenketten kann abgeschätzt werden, wie diese Aminosäuren in Abhängigkeit des pH-Werts geladen sind. Die Seitenkette von Asparaginsäure hat einen $pK_a$-Wert von 3,8, Glutaminsäure von 4,2 und Histidin von 6,1.[94,95] Bei einem pH-Wert von 3 liegen somit die Seitenketten der drei Aminosäuren in ihren protonierten Formen vor, weswegen Asparaginsäure und Glutaminsäure dann entsprechend ungeladen und Histidin positiv geladen sind. Unter neutralen Bedingungen hingegen werden die Seitenketten deprotoniert, wodurch Asparaginsäure und Glutaminsäure negativ geladen sind. Der $pK_a$-Wert von Histidin liegt nur knapp unterhalb des pH-Werts von 7, weswegen nicht genau vorausgesagt werden kann, welche Ladung das Histidin in E5 unter neutralen Bedingungen hat. Im Allgemeinen werden $pK_a$-Werte auch stark von der Temperatur, dem Salzgehalt, benachbarten Aminosäuren und der Konformation des betreffenden Proteins ab. Beispielsweise variieren die $pK_a$-Werte der vier Histidine der *Staphylococcus Nuklease* zwischen 4,8 und 6,1 unter salzfreien Bedingungen.[96] Weiterhin werden auch die freie Aminogruppe am N-Terminus bzw. die Carboxylgruppe am C-Terminus durch den pH-Wert beeinflusst, wobei im Sauren der N-Terminus positiv und im Neutralen der C-Terminus negativ geladen sind. Die Gesamtladung der E5-Moleküle ist im Sauren somit zweifach positiv und im Neutralen dreifach negativ. Scheinbar kann E5 besser in Detergenzien und Lipiden rekonstituiert werden, wenn die Gesamtladung der E5-Moleküle positiv ist. Denkbar ist auch, dass dies im Zusammenhang mit der Ladung der Kopfgruppen der Detergenzien im Zusammenhang steht. Die für das Wildtyp-Protein beschriebene pH-Abhängigkeit wurde auch bei allen E5-Mutanten festgestellt. Weiterhin wurde beobachtet, dass bei allen E5-Proteinen, welche unter sauren Bedingungen eine helikale Sekundärstruktur aufwiesen, diese auch nach dem Neutralisieren erhalten blieb. Um Aggregation zu vermeiden wurden entsprechend dieser Beobachtungen alle CD-Proben zuerst unter sauren Bedingungen hergestellt und anschließend durch Zugabe von Puffer neutralisiert. Auf diese Weise blieb die helikale Sekundärstruktur der E5-Proteine auch unter neutralen Bedingungen erhalten.

*Ergebnisse*

## 4.3.3 Einfluss der Temperatur auf die Rekonstitution

Alternativ zur Zugabe von Säure konnte die helikale Sekundärstruktur der E5-Proteine unter neutralen Bedingungen teilweise auch durch Erhitzen erreicht werden. In Abbildung 31 ist die für das Wildtyp-Protein in DPC durchgeführte Temperatur-Serie gezeigt, in welcher die unter neutralem pH-Wert hergestellte Probe schrittweise erhitzt wurde. Bei 20 °C zeigt das CD-Spektrum wie oben beschrieben deutliche Anzeichen von Aggregation. Im Verlauf der Erhöhung der Temperatur von 20 °C nach 90 °C veränderte sich vor allem das Verhältnis der beiden CD-Minima zueinander und es kam zu einer Verschiebung des Maximums in den kurzwelligen Bereich. Aufgrund der zugeführten thermischen Energie scheinen die Wechselwirkungen zwischen den Proteinaggregaten aufzubrechen, so dass die oben beschriebenen Effekte (Lichtstreuung und Absorptionsabflachung) abnehmen, wodurch bei 90 °C ein größtenteils α-helikales CD-Spektrum gemessen wurde. Trotz der hohen Temperatur konnte kein typisches CD-Spektrum für eine ungeordnete Struktur erzeugt werden, woraus man schließen kann, dass E5, wie viele andere Membranproteine auch, ein sehr stabil gefaltetes Protein ist. Die weitere leichte Zunahme der helikalen CD-Banden nach dem Abkühlen zurück auf 20 °C deutet darauf hin, dass noch mehr Proteinaggregate zwischenzeitlich aufgebrochen waren, wodurch der Beitrag zum helikalen Spektrum weiter erhöht wurde. Der Vergleich mit dem entsprechenden CD-Spektrum unter sauren pH-Bedingungen zeigt, dass für eine vollständige Rückgewinnung der helikalen Sekundärstruktur noch höhere Temperaturen als 90 °C und längere Inkubationszeiten notwendig sein würden, was aber aufgrund der Geräte-Limitierung nicht möglich war und für die chemische Molekülstabilität ungünstig wäre. Insgesamt zeigten alle E5-Proteine eine extrem hohe Temperaturstabilität, so dass selbst beim Erhitzen auf 90 °C keine Anzeichen einer Denaturierung beobachtet worden sind. Dies ist ungewöhnlich, da Proteine normalerweise gerade bei hohen Temperaturen denaturieren. Eine ähnliche Temperaturstabilität wurde auch für das Fragment der Transmembrandomäne von E5 beobachtet.[44]

*Ergebnisse*

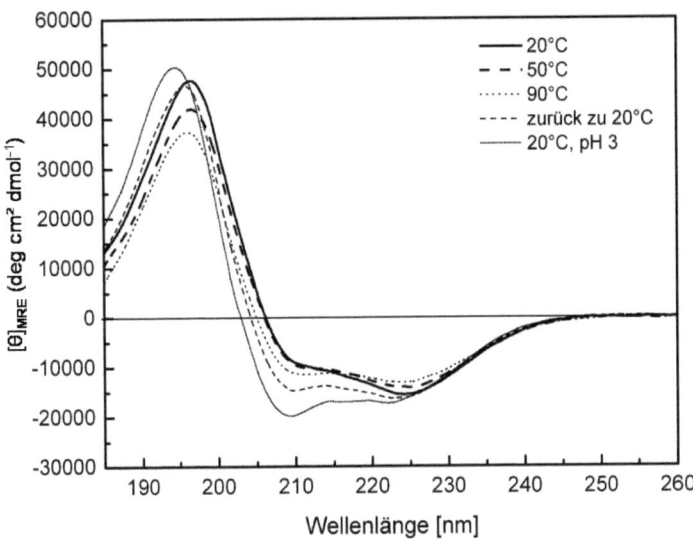

Abbildung 31: Temperatur-Serie E5-Wildtyp in DPC bei pH 7.
Die Temperatur wurde schrittweise von 20 °C nach 90 °C erhöht und jeweils das entsprechende CD-Spektrum gemessen. Zum Vergleich wurde das CD-Spektrum bei pH 3 aus Abbildung 30 hinzugefügt. Bei 20 °C verursachen große Proteinaggregate Lichtstreuung und Absorptionsabflachung. Durch Erhöhung der Temperatur werden die Aggregate aufgebrochen, so dass eine α-helikale Sekundärstruktur beobachtet wurde, welche selbst beim Abkühlen zurück auf 20 °C stabil blieb.

*Ergebnisse*

## 4.4 Strukturuntersuchungen mit CD und OCD

Für die Sekundärstruktur-Untersuchungen wurde jeweils die Dimerfraktion des E5-Wildtyp Proteins sowie der Einfach-Cystein-Mutanten genutzt, da diese die vermutlich physiologisch aktive Form von E5 darstellt. Im Falle von E5-ASA, welches keine kovalenten Dimere bilden kann, wurde entsprechend die (einzig vorhandene) Monomerfraktion genutzt. Der Vergleich zwischen den dimeren E5-Proteinen und dem vermeintlich monomeren E5-ASA soll Unterschiede in der Sekundärstruktur aufzeigen, welche bei der kovalenten Dimerisierung von E5 entstehen. Um alle E5-Varianten jeweils in verschiedenen Membransystemen sowie untereinander vergleichen zu können, wurde in alle Proben die gleiche Menge an Protein zugegeben. Auf diese Weise sind Unterschiede in den CD-Spektren von der Konzentration von E5 unabhängig und deuten auf einen wahren Unterschied in der Sekundärstruktur hin.

### 4.4.1 Maximale Helizität von E5: Rekonstitution in TFE

Frühere CD-Untersuchungen einer E5-Deletionsmutante, welche die vorhergesagte Transmembrandomäne von E5 umfasste, haben gezeigt, dass dieser Bereich einen hohen helikalen Anteil aufweist.[44] Weiterhin konnte mit Hilfe von Infrarot-Spektroskopie gezeigt werden, dass E5 über diesen Bereich hinaus eine helikale Sekundärstruktur einnehmen kann.[41] Um festzustellen, welchen helikalen Anteil das E5-Wildtyp-Protein sowie die verschiedenen Mutanten erreichen können, wurden alle E5-Proteine in TFE untersucht. TFE wird als Struktur-induzierendes Lösungsmittel vor allem für kleine, helikale Proteine und Peptide verwendet.[97,98] Die Mechanismen, wie sich TFE stabilisierend auf die Struktur auswirkt, sind noch größtenteils unverstanden, wobei angenommen wird, dass aufgrund der niedrigeren Dielektrizitätskonstante von TFE intramolekulare Wechselwirkungen zwischen geladenen Gruppen verstärkt werden. Weiterhin können sich wegen der unpolaren Eigenschaften keine Wasserstoffbrücken zum Lösungsmittel ausbilden, wodurch sich diese bevorzugt innerhalb des Proteins bilden. Aufgrund dieser Effekte wirkt sich TFE stabilisierend auf die Proteinkonformation aus, wodurch „intrinsisch" vorkommende Sekundärstrukturen gefördert werden.

In TFE zeigt das dimere E5-Wildtyp-Protein das charakteristische CD-Spektrum eines α-helikalen Proteins mit der typischen positiven CD-Bande bei 195 nm sowie den beiden negativen Banden bei 208 nm und 223 nm (Abbildung 32). Bildet man

*Ergebnisse*

das Intensitätsverhältnis der positiven Bande bei 195 nm (+60000 deg*cm²*dmol⁻¹) und der negativen Bande bei 208 nm (-30000 deg*cm²*dmol⁻¹), so ergibt sich ein Wert von 2:1, welcher auf einen hohen helikalen Anteil hindeutet. Neben dem charakteristischen α-helikalen CD-Spektrum fällt außerdem auf, dass die Intensität der 208 nm Bande gegenüber der 223 nm Bande erhöht ist, was auf vorhandene unstrukturierte Bereiche hindeutet. Alle E5-Mutanten hatten unabhängig von der Cystein-Substitution das gleiche CD-Spektrum in TFE wie das Wildtyp-Protein. Scheinbar kommt es durch die verschiedenen Mutationen zu keinen drastischen Veränderungen in der Struktur von E5.

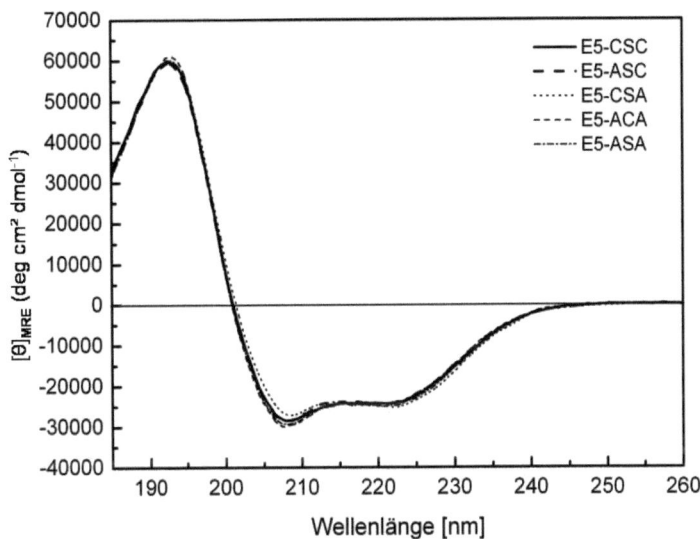

Abbildung 32: CD-Spektren E5-Wildtyp und Mutanten in TFE.
Der Vergleich des dimeren E5-Wildtyp-Proteins mit den dimeren Einfach-Cystein-Mutanten E5-ASC, -CSA und -ACA sowie der monomeren E5-Variante E5-ASA zeigt, dass alle E5-Varianten die gleiche helikale Sekundärstruktur in 100% TFE einnehmen.

Eine quantitative Sekundärstruktur-Auswertung ist in reinen organischen Lösungsmitteln nicht möglich, da die verwendeten Algorithmen für wässrige Systeme ausgelegt sind. Um trotzdem den α-helikalen Anteil der verschiedenen E5-Proteine abzuschätzen wurde die Einzelwellenlängen-Auswertung bei 220 nm verwendet.[72,74] Hierbei wird der helikale Anteil durch Vergleich mit einem helikalen Referenzprotein

*Ergebnisse*

abgeschätzt. Die Einzelwellenlängen-Auswertung ergab einen helikalen Anteil zwischen 70% bis 72% für die verschiedenen E5-Proteine (Tabelle 2). Eine Bestimmung der Zusammensetzung der restlichen nicht-helikalen Strukturen kann mit dieser Methode jedoch nicht erfolgen.

| E5-Variante | E5-CSC | E5-ASC | E5-CSA | E5-ACA | E5-ASA |
|---|---|---|---|---|---|
| $f_H$ | 70% | 70% | 72% | 71% | 72% |

Tabelle 2: Helikale Anteile $f_H$ der verschiedenen E5-Proteine in TFE nach der Einzelwellenlängen-Auswertung bei 220 nm.[72,74] E5-CSC, -ASC, -CSA und -ACA jeweils Dimer, E5-ASA Monomer.

Neben der Untersuchung der Sekundärstruktur wurde TFE auch benutzt um E5-haltige TFE-Stammlösungen herzustellen. Aus diesen E5-TFE-Stammlösungen wurden durch Entnahme der entsprechenden Aliquots alle CD-Proben hergestellt, welche nachfolgend beschrieben werden. Durch die Verwendung einer Protein-Stammlösung wurde neben einer einfachen Probenherstellung auch eine hohe Reproduzierbarkeit der Ergebnisse gewährleistet.

### 4.4.2 E5 in membranähnlicher Umgebung: Rekonstitution in Mizellen

Die Untersuchung der Sekundärstruktur des E5-Wildtyp-Proteins sowie der verschiedenen E5-Mutanten mittels CD erfolgte in Detergenz-Mizellen, welche die native Umgebung in Lipidmembranen besser repräsentieren als organische Lösungsmittel. Detergenzien sind amphipathische Moleküle, welche aus langen, unpolaren Kohlenstoffketten und geladenen bzw. ungeladenen Kopfgruppen bestehen. Oberhalb einer bestimmten Konzentration lagern sich Detergenzien in wässriger Umgebung spontan zu Mizellen zusammen. Hierbei sind die hydrophilen Kopfgruppen zum Wasser gerichtet, wodurch die hydrophoben Kohlenstoffketten abgeschirmt werden. Detergenzien werden oftmals benutzt um hydrophobe Membranproteine in Mizellen zu rekonstituieren, da diese sich hierbei zwischen die unpolaren Detergenzteile einlagern und auf diese Weise gelöst werden können. Für die Untersuchung der Sekundärstruktur der verschiedenen E5-Proteine wurden verschiedene Detergenzien verwendet, um festzustellen, ob die Sekundärstruktur von E5 durch die unterschiedlichen physiko-chemischen Eigenschaften der Moleküle

*Ergebnisse*

beeinflusst wird. Um eine ausreichende Rekonstitution der E5-Proteine zu ermöglichen, wurde zu allen Proben ein deutlicher Überschuss an Detergenz gegeben, wobei die Menge an Detergenz so gewählt wurde, dass die so genannte Kritische Mizellen-Konzentration um mindestens das Dreifache überschritten wurde. Die Menge an E5 wurde durch Entnahme von Aliquots bekannter Konzentration aus den TFE-Stammlösungen in allen Proben gleich gehalten (siehe vorheriger Abschnitt). Auf diese Weise sind Unterschiede in den CD-Spektren bzw. Sekundärstrukturen unabhängig von der Proteinkonzentration und können leichter erkannt werden. Um die Reproduzierbarkeit zu gewährleisten wurden je E5-Variante und Detergenz mehrere, voneinander unabhängige Proben hergestellt und unter identischen Bedingungen untersucht.

Aufgrund der zwitterionischen Ladung und der Kettenlänge von 16 C-Atomen ähnelt LPPC von allen in dieser Arbeit benutzten Detergenzien am ehesten den in natürlichen Membranen vorkommenden Lipiden. In LPPC zeigt das E5-Wildtyp-Protein eine α-helikale Sekundärstruktur mit dem charakteristischen Maximum bei 195 nm sowie den beiden Minima bei 208 und 223 nm (Abbildung 33). Trotz Verwendung der gleichen Menge an Protein wie in der TFE-Probe ist die Intensität der CD-Banden in LPPC insgesamt geringer (vergleiche mit Abbildung 32). Während in TFE das Wildtyp-Protein im Maximum bei 195 nm MRE-Werte von ca. +60000 $deg^*cm^{2*}dmol^{-1}$ erreicht hatte, lagen die Werte in LPPC nur bei ca. +50000 $deg^*cm^{2*}dmol^{-1}$, was auf einen geringeren helikalen Anteil als in TFE hindeutet. Bei einem angenommenen 70% Helixanteil für das Wildtyp-Protein in TFE würde dieser Wert einem helikalen Anteil von 56% in LPPC entsprechen. Wie schon in TFE beobachtet, tritt auch in LPPC eine ausgeprägte 208 nm Bande auf, was qualitativ auf einen gewissen Anteil an unstrukturierten Bereichen hinweist.

*Ergebnisse*

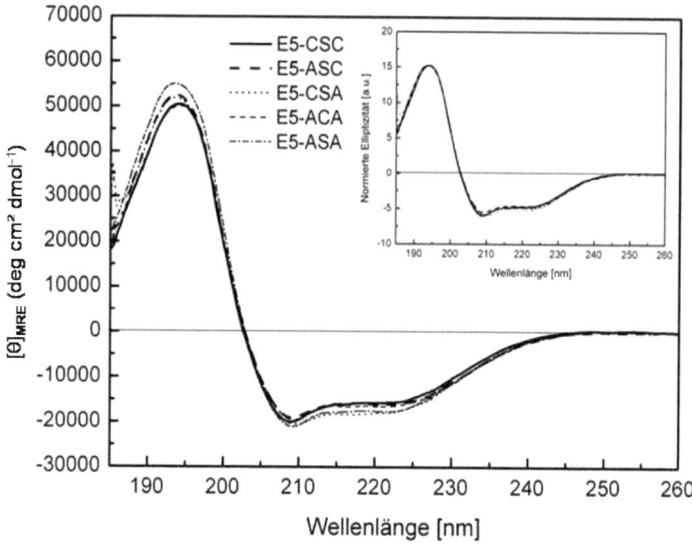

Abbildung 33: CD-Spektren E5-Wildtyp und Mutanten in LPPC-Mizellen.
Der Vergleich der verschiedenen E5-Proteine in 10 mM LPPC bei 20 °C zeigt, dass alle E5-Varianten in LPPC-Mizellen eine ähnliche helikale Sekundärstruktur einnehmen. Im Kasten sind die auf das Maximum bei 195 nm normierten CD-Spektren dargestellt.

Die Strukturuntersuchungen der Einzel-Cystein-Mutanten E5-ASC, -CSA und -ACA sowie der Doppel-Cystein-Mutante E5-ASA in LPPC ergaben CD-Spektren mit ähnlichen Eigenschaften wie das Wildtyp-Protein. Die geringfügigen Unterschiede in den verschiedenen LPPC-Spektren sind eher auf Unsicherheiten bei der Konzentrationsbestimmung zurückzuführen, als auf signifikante Unterschiede in den Sekundärstrukturen der verschiedenen E5-Proteine. Die auf 195 nm normierten CD-Spektren in Abbildung 33 (Kasten) bestätigen, dass tatsächlich alle E5-Proteine die gleiche Sekundärstruktur in LPPC eingenommen haben. Somit haben die Cysteine bzw. verschiedenen Cystein-Substitutionen keinen signifikanten Einfluss auf die Sekundärstruktur von E5 in LPPC-Mizellen.

Neben LPPC wurden verschiedene andere Detergenzien für die Rekonstitution von E5 benutzt (Abbildung 34). In Mizellen aus LMPC sowie DPC, welche beide im Vergleich zu LPPC eine um zwei bzw. vier C-Atome kürzere Kette haben, konnten alle E5-Proteine ebenfalls erfolgreich rekonstituiert werden. Des Weiteren wurde E5 auch in LPPG und SDS, welche die entsprechenden negativ geladenen Analoga von LPPC bzw. DPC sind, untersucht. Vergleichbar mit den Ergebnissen in LPPC hatten

*Ergebnisse*

die verschiedenen E5-Proteine in den genannten Detergenzien alle eine ähnliche α-helikale Sekundärstruktur mit den typischen CD-Übergängen bei 195 nm, 208 nm und 223 nm. Die etwas stärkeren Signalintensitäten in LMPC und SDS deuten auf einen leicht höheren helikalen Anteil in diesen beiden Detergenzien hin, während in den anderen Detergenzien die gleiche Signalstärke und somit die gleiche Helizität wie in LPPC ermittelt worden ist.

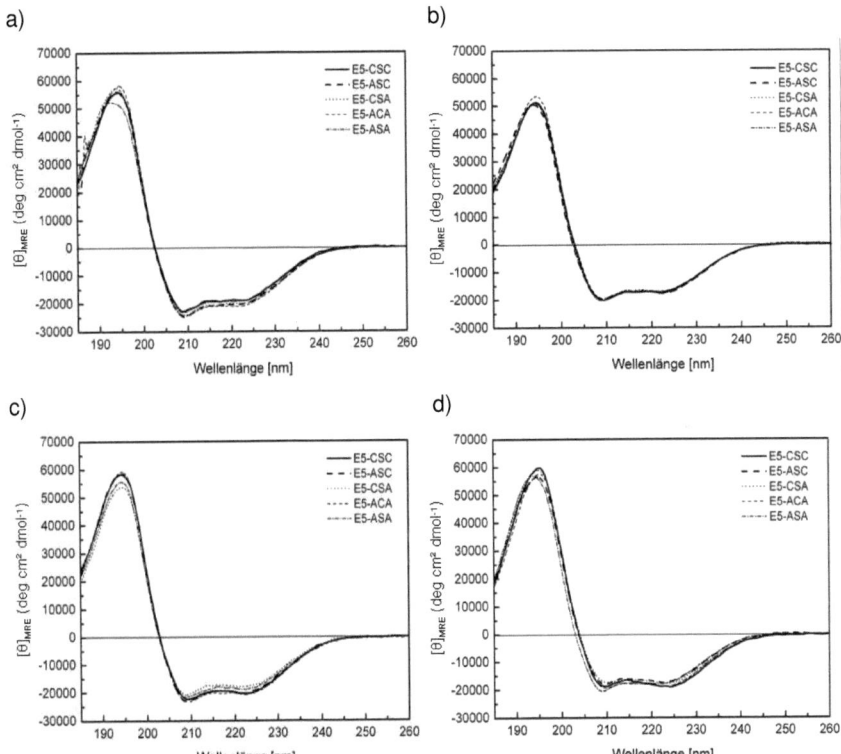

Abbildung 34: CD-Spektren E5-Wildtyp und Mutanten in Mizellen. Vergleich der verschiedenen E5-Proteine in zwitterionischen (LMPC, DPC) und negativ geladenen Detergenzien (SDS, LPPG) bei 20 °C. In den getesteten Detergenzien nehmen die verschiedenen E5-Varianten eine ähnliche helikale Sekundärstruktur ein. a) 10 mM LMPC, b) 10 mM DPC, c) 30 mM SDS, d) 10 mM LPPG.

*Ergebnisse*

Deutliche Unterschiede bei der Rekonstitution der verschiedenen E5-Proteine wurden bei der Verwendung von Detergenzien beobachtet, welche in ihrer Struktur stärker von den oben verwendeten Lipid-ähnlichen Detergenzien abweichen. In DH$_6$PC, welches zwei hydrophobe Alkanketten von jeweils 6 C-Atomen hat, konnten alle E5-Proteine nur mit mäßigem Erfolg rekonstituiert werden. Beispielsweise zeigte das CD-Spektrum des E5-Wildtyp-Proteins in DH$_6$PC zwar ansatzweise einen helikalen Kurvenverlauf, jedoch kam es im Vergleich zu LPPC zu deutlichen Veränderungen im Spektrum (Abbildung 35). Diese Änderungen zeigten sich vor allem durch eine Rot-Verschiebung des Maximums bei 195 nm und der Minima bei 208 nm und 223 nm um jeweils 2 nm. Weiterhin wurde bei allen Banden eine Reduktion der Signalintensität festgestellt. Alle Veränderungen deuten auf das Vorhandensein von großen Proteinaggregaten hin, welche die CD-Messung vor allem im Bereich der Peptidabsorptionsbande zwischen 190 und 210 nm beeinflussen. Diese Effekte traten ebenfalls bei Verwendung von ungeladenen Detergenzien wie DDM und OG auf. Die hier beschriebenen Beobachtungen für das Wildtyp-Protein wurden auch bei allen Mutanten festgestellt und stehen somit nicht in Zusammenhang mit den verschiedenen Cystein-Substitutionen. Vermutlich war im Falle von DH$_6$PC die Kettenlänge von 6 C-Atomen nicht ausreichend, während bei DDM und OG offensichtlich die fehlende Ladungen der Kopfgruppen eine Rolle bei der Rekonstitution von E5 spielten.

*Ergebnisse*

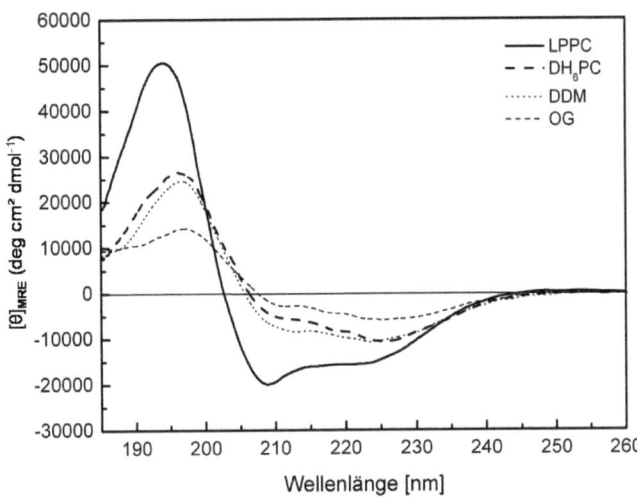

Abbildung 35: CD-Spektren E5-Wildtyp in anderen Detergenzien.

In dem zwitterionische Detergenz $DH_6PC$ sowie den beiden zuckerhaltigen Detergenzien DDM und OG lässt sich das E5-Wildtyp Protein nur bedingt rekonstituieren. Die resultierenden CD-Spektren weichen deutlich vom CD-Spektrum in LPPC aus Abbildung 33 ab.

### 4.4.3 E5 in membranähnlicher Umgebung: Rekonstitution in Liposomen

Zusätzlich zu den Strukturuntersuchungen in Mizellen wurden alle E5-Proteine auch in Liposomen rekonstituiert und mittels CD untersucht. Die im Vergleich zu Mizellen um ein Vielfaches größeren Liposomen haben vergleichbare Eigenschaften zu Membranen, wie die Ausbildung von echten Lipiddoppelschichten und das Einschließen eines wässrigen Innenraums. Liposomen stellen somit ein noch besseres Modellsystem zur Rekonstitution und Untersuchung von Membranproteinen dar. Alle E5-Proteine wurden zum Vergleich miteinander in Liposomen aus verschiedenen Lipiden rekonstituiert (Abbildung 36). Zusätzlich wurden auch Lipid-Detergenz-Kombinationen zur Rekonstitution getestet, wobei die Menge an Detergenz bewusst unterhalb der entsprechenden kritischen Mizellenkonzentration gehalten wurde, um zu gewährleisten, dass die Proteine in Lipiden und nicht ausschließlich in Mizellen aufgenommen werden. Durch Ultraschallbehandlung wurde die durchschnittliche Vesikelgröße verkleinert und homogenisiert, um Artefakte während der CD-Messung durch Streulicht zu minimieren.

*Ergebnisse*

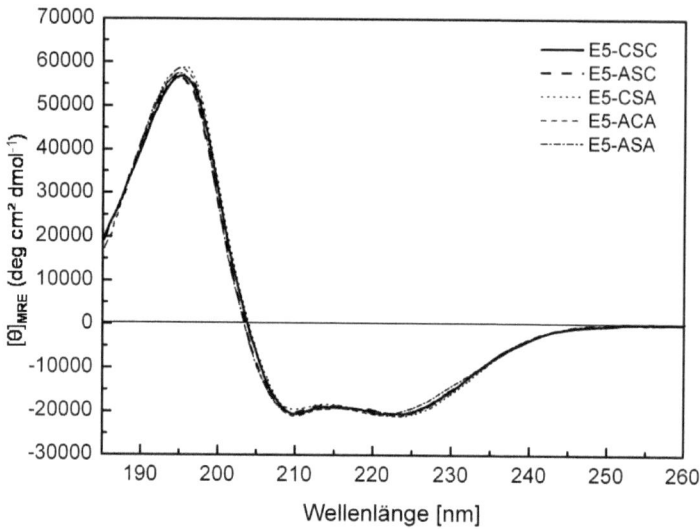

Abbildung 36: CD-Spektren E5-Wildtyp und Mutanten in Liposomen. Der Vergleich der verschiedenen E5-Proteine in DMPC/LMPC-Liposomen (10:1, P:L = 1:300, 30 °C) zeigt, dass alle E5-Varianten die gleiche helikale Sekundärstruktur einnehmen.

Die Bemessung des Erfolgs der Rekonstitution erfolgte anhand der Helizität der CD-Spektren. Bei allen E5-Proteinen wurden die besten Ergebnisse in einem Gemisch aus DMPC und LMPC (10:1) erzielt. Hierbei ist LMPC das zu DMPC entsprechende Lyso-Lipid, bei welchem eine Kohlenwasserstoffkette fehlt. Alle E5-Proteine zeigte in diesem DMPC/LMPC-Gemisch eine ähnliche α-helikale Sekundärstruktur wie in LMPC-Mizellen. Als einziger Unterschied traten keine stark ausgeprägten 208 nm Banden auf, was auf geringere Anteile an unstrukturierten Bereichen als in reinem LMPC hindeutet.

In Detergenzien wurde eine verminderte Rekonstitution mit abnehmender Kettenlänge festgestellt. Daher wurde E5 noch in weiteren Lipiden unterschiedlicher Kettenlänge untersucht, um festzustellen, ob die Dicke der Lipiddoppelschicht einen Einfluss auf die Rekonstitution und Struktur von E5 hat. Hierzu wurde neben DMPC noch kürzeres DLPC und längeres POPC benutzt. In Abbildung 37 sind für das E5-Wildtyp-Protein die Ergebnisse der Rekonstitution in den verschiedenen Lipiden gezeigt, wobei zum Vergleich das CD-Spektrum in DMPC/LMPC aus Abbildung 36 hinzugefügt wurde. In DLPC zeigte das Wildtyp-Protein eine größtenteils helikale Sekundärstruktur, wobei eine deutliche Reduktion der 208 nm Bande auffällt. Dieser

*Ergebnisse*

Effekt trat noch stärker in reinem DMPC und in POPC auf, wobei noch zusätzlich eine Verschiebung der Banden analog zu den fehlgeschlagenen Rekonstitutionen in Detergenzien vorlag. Somit konnte keine direkter Zusammenhang zwischen der Struktur von E5 und der Kettenlänge der Lipide bzw. der Membrandicke festgestellt werden.

Der direkte Vergleich zwischen den Spektren in reinem DMPC und in DMPC/LMPC (10:1) zeigt den maßgeblich positiven Einfluss des Detergenz auf die Rekonstitution von E5. Während in der reinen DMPC-Probe die Rekonstitution nicht möglich war, zeigte das E5-Wildtyp-Protein in der Kombination aus DMPC/LMPC eine α-helikale Sekundärstruktur. Ähnliche Ergebnisse wurden auch bei vergleichbaren Proben mit LPPC bzw. DPC anstelle von LMPC sowie bei den verschiedenen E5-Mutanten festgestellt. Scheinbar sind Lipide alleine nicht ausreichend um die Proteinaggregation zwischen den E5-Proteinmolekülen zu vermeiden. Außerdem kommt es durch die Detergenzien wahrscheinlich zur Reduktion des lateralen Drucks innerhalb der Membran.

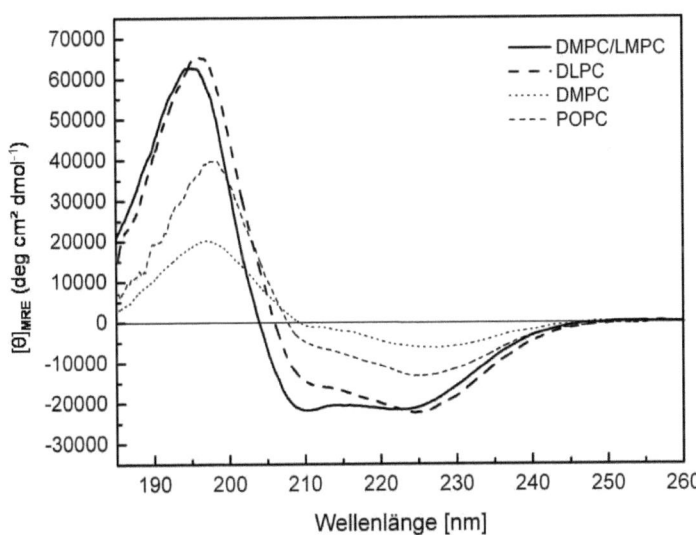

Abbildung 37: CD-Spektren E5-Wildtyp in verschiedenen Lipiden.
Die Verschiebung des Maximums bei 197 nm und des Minimums bei 208 nm sowie die Reduktion der Signalintensitäten deuten auf eine schlechtere Rekonstitution des E5-Wildtyp Proteins in DLPC, DMPC und POPC hin. Zum Vergleich ist das CD-Spektrum in DMPC/LMPC aus Abbildung 36 hinzugefügt.

*Ergebnisse*

### 4.4.4 Sekundärstrukturauswertung mit CONTIN-LL

Für eine quantitative Sekundärstruktur-Auswertung ist die Bestimmung der exakten Proteinkonzentration erforderlich. Aufgrund der in E5 vorkommenden aromatischen Aminosäure Tryptophan konnte die Konzentration durch Messung der UV-Absorption bei 280 nm ermittelt werden. Da der molare Extinktionskoeffizient nur für wässrige Systeme gilt, konnte keine Konzentrationsbestimmung in TFE erfolgen. Stattdessen wurden die Konzentrationen in denjenigen Detergenzproben gemessen, in welchen E5 erfolgreich rekonstituiert werden konnte und die keine Anzeichen von Aggregation gezeigt haben. Trotz der Tatsache, dass in allen CD-Proben das gleiche Aliquot der jeweiligen E5-TFE-Stammlösung verwendet wurde, was eine stets konstante Proteinkonzentration in allen Proben gewährleisten sollte, ergaben die durch UV-Messung ermittelten Konzentrationen teilweise Unterschiede. Aufgrund des im UV-Bereich exponentiell ansteigenden Streuuntergrunds der Mizellen können bei der UV-Absorptionsmessung Störungen auftreten. In einigen Fällen war aufgrund des zu hohen Streulichtanteils gar keine Bestimmung der Konzentration möglich. Bei allen UV-Messungen, bei denen eine Auswertung möglich war, wurde eine Streukorrektur durchgeführt, so dass im Bereich zwischen 310 und 350 nm die Werte der Basislinie Null waren. Um die teilweise großen Unterschiede zu kompensieren wurde für jede E5-Variante der Mittelwert über alle in Detergenzien gemessenen Konzentrationen ermittelt und für die Sekundärstruktur-Auswertung genutzt. Hierbei wurde für alle E5-Varianten durchschnittlich eine Konzentration von 0,035 mg/ml ermittelt. Die Ergebnisse der Auswertung nach CONTIN LL sind für die verschiedenen E5-Proteine und Detergenzien in Tabelle 3 zusammengefasst. Hierbei repräsentiert „$\alpha_R$" eine reguläre α-Helix aus mindestens 6 Aminosäureresten mit 3,6 Resten pro Umlauf und einer Ganghöhe von 0,54 nm.[84-88] „$\alpha_D$" stellt die deformierten Bereiche am Anfang und am Ende einer α-Helix dar, welche auf jeder Seite aus 1 bis 3 Aminosäureresten bestehen und im Übergang zwischen der regulären Helix und anderen Strukturelementen auftreten. Bereiche, welche keine spezifische Sekundärstruktur aufweisen, werden als „unstrukturiert" bezeichnet. Die Bewertung der Qualität der Ergebnisse erfolgt anhand eines NRMSD-Wertes, welcher für CONTIN LL kleiner als 0,1 sein sollte. Zum Vergleich wurde für alle E5-Proteine noch zusätzlich der helikale Anteil $f_H$ mit Hilfe der Einzelwellenlängen-Auswertung bei 220 nm berechnet. Die Sekundärstruktur-Auswertungen mit CDSSTR und SELCON 3 ergaben ähnliche Ergebnisse, sind aber hier nicht gezeigt.

*Ergebnisse*

| LPPC | $α_R$ | $α_D$ | β-Blatt | β-Schleife | unstrukturiert | NRMSD | $f_H$ |
|---|---|---|---|---|---|---|---|
| E5-CSC | 51% | 25% | 2% | 6% | 17% | 0.053 | 45% |
| E5-ASC | 51% | 23% | 4% | 6% | 16% | 0.042 | 46% |
| E5-CSA | 51% | 22% | 4% | 7% | 16% | 0.03 | 52% |
| E5-ACA | 51% | 24% | 3% | 7% | 16% | 0.041 | 48% |
| E5-ASA | 55% | 24% | 3% | 4% | 15% | 0.046 | 51% |
| LMPC | $α_R$ | $α_D$ | β-Blatt | β-Schleife | unstrukturiert | NRMSD | $f_H$ |
| E5-CSC | 55% | 25% | 1% | 5% | 15% | 0.053 | 54% |
| E5-ASC | 56% | 26% | 3% | 4% | 12% | 0.051 | 59% |
| E5-CSA | 55% | 25% | 1% | 4% | 15% | 0.049 | 58% |
| E5-ACA | 56% | 27% | 1% | 5% | 12% | 0.058 | 61% |
| E5-ASA | 53% | 24% | 2% | 6% | 16% | 0.042 | 56% |
| DPC | $α_R$ | $α_D$ | β-Blatt | β-Schleife | unstrukturiert | NRMSD | $f_H$ |
| E5-CSC | 51% | 25% | 1% | 6% | 16% | 0.048 | 50% |
| E5-ASC | 50% | 24% | 2% | 7% | 17% | 0.044 | 50% |
| E5-CSA | 50% | 25% | 1% | 7% | 16% | 0.053 | 49% |
| E5-ACA | 52% | 25% | 2% | 5% | 16% | 0.054 | 49% |
| E5-ASA | 50% | 25% | 1% | 8% | 16% | 0.06 | 49% |
| SDS | $α_R$ | $α_D$ | β-Blatt | β-Schleife | unstrukturiert | NRMSD | $f_H$ |
| E5-CSC | 57% | 26% | 1% | 4% | 12% | 0.047 | 58% |
| E5-ASC | 57% | 27% | 1% | 4% | 12% | 0.053 | 57% |
| E5-CSA | 52% | 26% | 2% | 5% | 15% | 0.056 | 51% |
| E5-ACA | 56% | 28% | 1% | 4% | 10% | 0.052 | 58% |
| E5-ASA | 54% | 27% | 3% | 3% | 13% | 0.056 | 54% |
| LPPG | $α_R$ | $α_D$ | β-Blatt | β-Schleife | unstrukturiert | NRMSD | $f_H$ |
| E5-CSC | 57% | 27% | 2% | 4% | 11% | 0.039 | 53% |
| E5-ASC | 55% | 24% | 4% | 4% | 13% | 0.035 | 49% |
| E5-CSA | 56% | 24% | 5% | 4% | 12% | 0.034 | 49% |
| E5-ACA | 57% | 26% | 2% | 4% | 11% | 0.035 | 53% |
| E5-ASA | 55% | 24% | 2% | 4% | 14% | 0.038 | 52% |
| DMPC/LMPC | $α_R$ | $α_D$ | β-Blatt | β-Schleife | unstrukturiert | NRMSD | $f_H$ |
| E5-CSC | 56% | 26% | 2% | 6% | 11% | 0.03 | 58% |
| E5-ASC | 56% | 27% | 1% | 5% | 12% | 0.032 | 57% |
| E5-CSA | 58% | 27% | 2% | 4% | 9% | 0.029 | 59% |
| E5-ACA | 57% | 27% | 1% | 5% | 10% | 0.032 | 60% |
| E5-ASA | 54% | 26% | 2% | 7% | 12% | 0.041 | 56% |

Tabelle 3: Ergebnisse der Sekundärstruktur-Auswertung nach CONTIN LL für die Detergenzien und Lipide, in welchen die verschiedenen E5-Proteine erfolgreich rekonstituiert und untersucht werden konnten. $α_R$: reguläre α-Helix, $α_D$: deformierte Helix, $f_H$: Helixanteil nach Einzelwellenlängen-Auswertung bei 220 nm.[72,74] E5-CSC, -ASC, -CSA und -ACA jeweils Dimer, E5-ASA Monomer.

*Ergebnisse*

Wie schon anhand der ähnlichen CD-Spektren vermutet, hatten alle E5-Proteine unabhängig von der Cystein-Mutation einen α-helikalen Anteil $α_R$ zwischen 50% und 57%. Lediglich geringe Unterschiede traten zwischen den verschiedenen Detergenzien bzw. Lipiden auf, wobei in DMPC/LMPC und LMPC sowie SDS und LPPG der helikale Anteil im Vergleich zu LPPC und DPC etwas höher ausfiel. Umgerechnet auf die 45 Aminosäuren lange E5-Sequenz (44 Aminosäuren + Glycin) entspricht diese Helizität ca. 23 bis 26 Aminosäuren. Der Anteil der deformierten Helix $α_D$ lag in allen untersuchten Membranumgebungen zwischen 25% und 28%, was etwa 11 bis 12 Aminosäuren entspricht. In der Summe haben also alle E5-Proteine helikale Anteile um 80% (d.h. etwa 35 der insgesamt 45 Aminosäuren). Wie anhand der ausgeprägten negativen Bande bei 208 nm in Detergenzien bereits vermutet, wiesen alle E5-Proteine unstrukturierte Bereiche aus, welche zwischen 12% und 17% ausmachten und vermutlich an den C- und N-terminalen Enden von E5 auftreten. In Liposomen hingegen ist der Anteil an unstrukturierten Bereichen etwas geringer. In keinem der E5-Proteine und untersuchten Detergenzien bzw. Lipiden traten nennenswerte Anteile an β-Faltblatt und β-Schleife auf. Die teilweise von 100% abweichende Summe der verschiedenen Sekundärstrukturelemente ergibt sich durch Rundungsfehler.

Neben der Auswertung mit den Algorithmen wurde noch die Sekundärstruktur-Auswertung mit Hilfe der Einzelwellenlängen-Auswertung durchgeführt, wobei jedoch nur helikale Anteile ermittelt werden können. Für alle E5-Proteine wurden helikale Anteile ermittelt, welche mit den durch CONTIN LL ermittelten Werten für die reguläre Helix annähernd übereinstimmen, aber nicht mit der gebildeten Summe aus reguläre und deformierte Helix. Diese Diskrepanz wurde auch bei verschiedenen anderen Proteinen mit hohen helikalen Anteilen beobachtet. Beispielsweise hat das 29 Aminosäuren lange TMA1-Peptid, welches die Transmembrandomäne des humanen EphA1-Rezeptors umfasst, eine zu E5 vergleichbare Verteilung von Sekundärstrukturelementen mit einem Gesamt-Helixanteil von ca. 80% laut CONTIN LL.[99] Anhand des gezeigten CD-Spektrums (Abbildung 1b in [99]) kann der helikale Anteil $f_H$ abgeschätzt werden, welcher mit ca. 65% ebenfalls deutlich niedriger liegt als der mit CONTIN LL errechnete Helixanteil. Diese Unterschiede könnten dadurch entstehen, dass die Algorithmen für globuläre Proteine und nicht für kleine Membranproteine ausgelegt sind.

*Ergebnisse*

### 4.4.5 E5-Wildtyp und reduzierenden Bedingungen

Zur weiteren Analyse der Rolle der Disulfidbrücken wurde das E5-Wildtyp-Protein in verschiedenen Detergenzien auch unter reduzierenden Bedingungen strukturell untersucht. Die Spaltung der Disulfidbrücken des Wildtyp-Proteins erfolgte mit 5 mM TCEP, wodurch das entsprechende Wildtyp-„Monomer" entstehen sollte.

Analog zur Vorgehensweise während der Gelelektrophorese wurde auch bei der Untersuchung mittels CD ebenfalls der Einfluss des Reduktionsmittels vor und nach der Zugabe der Detergenzien getestet (vergleiche mit Abschnitt 4.2.3). Entsprechend wurde in einem Ansatz das Reduktionsmittel direkt zur TFE-Stammlösung gegeben, um alle Disulfidbrücken bereits vor der Herstellung der Mizellen-Proben zu spalten. Im zweiten Ansatz erfolgte die Zugabe des Reduktionsmittels erst zur fertigen Probe. Zum Vergleich wurde jeweils noch eine Kontroll-Probe unter nicht-reduzierenden Bedingungen hergestellt und untersucht.

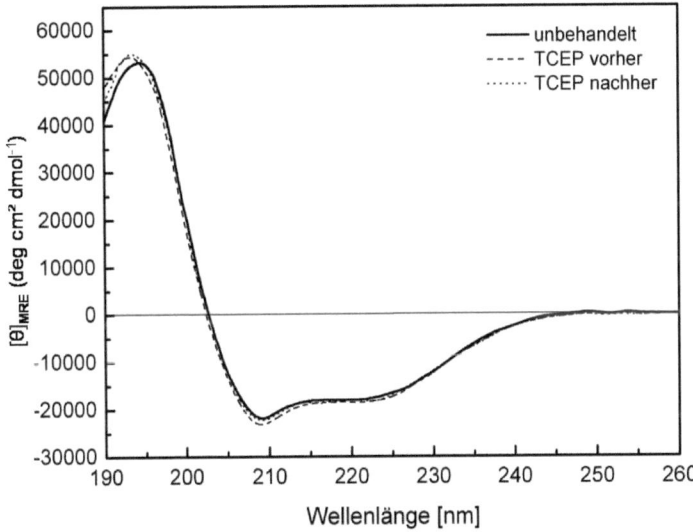

Abbildung 38: E5 unter reduzierenden und nicht-reduzierenden Bedingungen.
Der Vergleich der CD-Spektren des dimeren E5-Wildtyp-Proteins unter reduzierenden und nicht-reduzierenden Bedingungen in LPPC (10 mM LPPC, 20 °C) zeigt, dass es durch die Reduktion der Disulfidbrücken zu keiner Änderung der Sekundärstruktur kommt. In einem Ansatz wurde das Reduktionsmittel bereits zur E5-TFE-Stammlösung zugeben (TCEP vorher), während im zweiten Ansatz das Reduktionsmittel erst nach der Herstellung zugegeben wurde (TCEP nachher).

*Ergebnisse*

In LPPC beispielsweise zeigt der Vergleich zwischen reduzierenden und nichtreduzierenden Bedingungen, dass es durch die Reduktion der Disulfidbrücken zu keiner Änderung der Sekundärstruktur des Wildtyp-Proteins kommt, unabhängig, ob das Reduktionsmittel vor oder nach Zugabe der Detergenzien zugegeben wurde (Abbildung 38). Unter allen Bedingungen hatte das Wildtyp-Protein die typische α-helikale Sekundärstruktur, welche bereits oben beschrieben wurde. Wie auch schon im Vergleich zwischen E5-ASA und dem Wildtyp-Protein festgestellt, zeigte das monomere E5-Protein das gleiche CD-Spektrum wie das dimere Protein, eine Unterscheidung beider Strukturen ist also mittels CD-Spektroskopie nicht möglich.

### 4.4.6 Orientierte CD-Spektroskopie von E5 in Lipiddoppelschichten

Neben der Aufklärung der Sekundärstruktur bietet die CD-Spektroskopie auch die Möglichkeit die Orientierung helikaler Proteine in Membranen zu untersuchen. Hierbei kann anhand der Intensität der „Fingerabdruck"-CD-Bande um ca. 207 nm, welche parallel zur Helixachse polarisiert ist, zwischen einer Orientierung transmembran und einer Orientierung parallel zur Membran unterschieden werden. Um die Orientierung des E5-Wildtyp-Proteins sowie der verschiedenen Mutanten mittels OCD zu untersuchen, wurden die verschiedenen E5-Proteine wie oben beschrieben in DMPC/LMPC-Vesikel rekonstituiert (siehe Abschnitt 4.4.3). Nach der Prüfung der erfolgreichen Rekonstitution mittels Messung der entsprechenden CD-Spektren wurden die Proben anschließend auf Quarzglasplättchen aufgetragen. Beim Verdampfen der wässrigen Anteile der Vesikelsuspensionen und der anschließenden Rehydratisierung entstanden hierbei makroskopisch orientierte Membranen. Hierbei stellte sich heraus, dass die Ergebnisse der OCD-Messungen stark von der Probenpräparation abhängen. Trotz gleicher Herstellungsweise kam es selbst bei der Untersuchung derselben E5-Variante teilweise zu Unterschieden in der Intensität und Form der OCD-Spektren. Diese Unterschiede entstanden wahrscheinlich erst beim Trocknen der Vesikelsuspension auf den Quarzglasplättchen, da die entsprechenden Vesikelspektren ohne besondere Auffälligkeiten waren. OCD-Messungen sind einerseits stark störungsanfällig gegenüber Unebenheiten in der Oberfläche der orientierten Membranschichten, da hierdurch Lineardichroismus-Effekte verursacht werden können, welche die CD-Signale überlagern und zur Verzerrung der CD-Banden führen können. Andererseits besitzen stark hydrophobe Proteine wie E5 auch eine hohe Tendenz zu aggregieren. Durch Proteinaggregation kann es zu einer ungleichmäßigen

*Ergebnisse*

Chromophorenverteilung in der Membran kommen, so dass Absorptionsabflachungseffekte im kurzwelligen Bereich unter 200 nm auftreten können. Um zu gewährleisten, dass gegebenenfalls auftretende Unterschiede in den OCD-Spektren tatsächlich durch unterschiedliche Orientierungen der verschiedenen E5-Protein verursacht werden und nicht auf Mess-Artefakte zurückzuführen sind, wurden von jeder E5-Varianten zwischen zwei bis sechs unabhängige OCD-Proben hergestellt und gemessen. Die Ergebnisse der entsprechenden Messungen wurden dann jeweils über alle Messungen gemittelt (Abbildung 39). Zum besseren Vergleich sind in Abbildung 39 noch zusätzlich die auf das Minimum bei 224 nm des E5-Wildtypproteins normierten Spektren der verschiedenen E5-Varianten gezeigt.

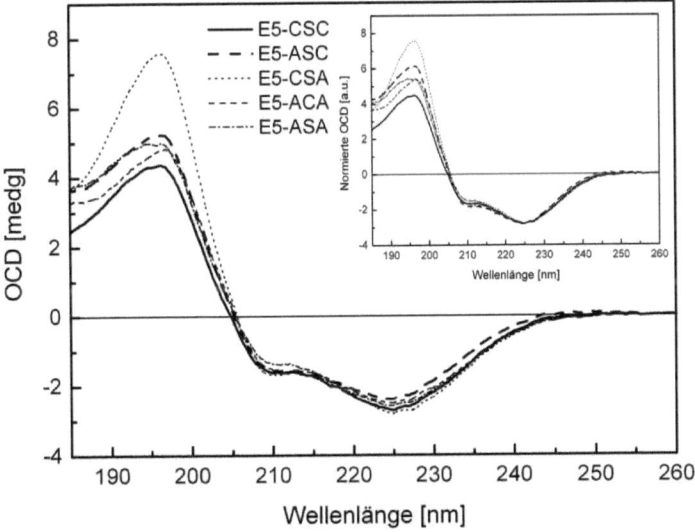

Abbildung 39: OCD-Sepktren E5-Wildtyp und Mutanten.
Der Vergleich der OCD-Spektren der verschiedenen E5-Proteine in orientierten Lipiddoppelschichten aus DMPC/LMPC (DMPC:LMPC=10:1, P:L=1:300, 30 °C) zeigt, dass alle E5 Varianten eine ähnliche, leicht geneigte, Orientierung in der Membran haben. Kasten: OCD-Spektren auf 224 nm normiert. E5-CSC, -ASC, -CSA und -ACA jeweils Dimer, E5-ASA Monomer.

*Ergebnisse*

Sowohl das E5-Wildtyp-Protein wie auch die verschiedenen Mutanten zeigten hierbei im langwelligen Bereich zwischen 210 und 250 nm einen ähnlichen Kurvenverlauf, welcher auf eine vergleichbare Orientierung aller E5-Proteine schließen lässt. Im kurzwelligen Bereich unterhalb von 200 nm kam es zu größeren Unterschieden aufgrund von zunehmenden LD-Effekten und Absorptionsabflachung. Alle E5-Proteine hatten in der Fingerabdruck-Region um 208 nm eine von Null abweichende negative Elliptizität, weswegen eine vollkommen aufrechte transmembrane Orientierung jeweils ausgeschlossen werden kann. Anhand der Verhältnisse der Minima (208/225 nm) von ca. 1:2 kann jeweils von einer schrägen Orientierung der E5-Proteine zur Membrannormalen ausgegangen werden. Neben einer vergleichbaren Sekundärstruktur haben alle E5-Proteine somit auch eine ähnliche Orientierung in der Membran.

Die Abschätzung des Helix-Neigungswinkels $\beta$ der verschiedenen E5-Proteine zur Membran-Normalen erfolgte anhand des Ordnungsparameters $S_h$ sowie des Differenzspektrums aus anisotropen OCD-Spektren und isotropen Vesikelspektren. Hierzu wurden neben den OCD-Spektren auch die entsprechenden CD-Spektren der Vesikelproben gemittelt. Die Abschätzung der Proteinkonzentrationen der gemittelten CD-Spektren erfolgte durch Vergleich mit den LMPC-Spektren bekannter Proteinkonzentration der entsprechenden E5-Variante. Die auf diese Weise ermittelte Proteinkonzentration wurde auch für die jeweiligen OCD-Proben angenommen. Die Spotgröße der OCD-Proben wurde einheitlich für alle Messungen auf 11 mm festgelegt. Durch Bildung des Differenzspektrums aus orientierten OCD- und nicht-orientierten CD-Spektrum werden alle CD-Signale von deformierten und unstrukturierten Bereichen abgezogen. Dies setzt die Annahme voraus, dass die deformierten Strukturen isotrop vorliegen, so dass nur die helikalen Anteile, welche für die OCD-Banden bei 210 nm verantwortlich sind, bei der Berechnung des Ordnungsparameters berücksichtigt werden. Der helikale Anteil $f_H$ der gemittelten CD-Spektren wurde durch Anwendung der Einzelwellenlängen-Auswertung bei 220 nm errechnet. Mit Hilfe der Differenzwerte der OCD- und CD-Spektren bei 210 nm und der helikalen Anteile konnten schließlich die Helix-Ordnungsparameter $S_h$ der verschiedenen E5-Varianten ermittelt werden, aus welchen sich die Neigungswinkel $\beta$ errechnen ließen (Tabelle 4). Hierbei zeigten sowohl das E5-Wildtyp-Protein wie auch die verschiedenen E5-Mutanten jeweils ähnliche Werte für die Ordnungsparameter sowie für die Neigungswinkel in Bezug auf die

*Ergebnisse*

Membrannormale, welche zwischen 26° und 30° liegen. Die OCD-Spektroskopie liefert als Ergebnis das zeitlich gemittelte Summenspektrum aller vorhandener Orientierungen. Somit ist auch möglich, dass E5 in der Realität einen anderen Neigungswinkel hat als hier ermittelt. Beispielsweise könnten aufgrund von Unebenheiten in der Membrantopologie künstlich schräge Orientierungen erzeugt werden. Außerdem können Proteine, welche nicht in der Membran rekonstituiert wurden, isotrope Beiträge zum Spektrum liefern und dadurch das OCD-Spektrum verfälschen.

| E5-Variante | Σ Messungen | $f_H$ | $\theta_{210nm}$ OCD-CD | $S_h$ | $\beta$ |
|---|---|---|---|---|---|
| E5-CSC | 6 | 0.56 | 15550 | 0.67 | 27.8° |
| E5-ASC | 4 | 0.55 | 14995 | 0.65 | 28.8° |
| E5-CSA | 2 | 0.58 | 15881 | 0.66 | 28.5° |
| E5-ACA | 3 | 0.57 | 15153 | 0.64 | 29.5° |
| E5-ASA | 3 | 0.56 | 16469 | 0.71 | 26.0° |

Tabelle 4: Zusammenfassung der verschiedenen Parameter bei der Berechnung der Ordnungsparameter und Neigungswinkel (zur Membrannormalen) für die verschiedenen E5-Proteine. $f_H$: fraktionaler Helixanteil, $\theta_{210nm}$ OCD-CD: Differenzwert aus OCD- und CD-Spektrum bei 210 nm, $S_h$: Helix-Ordnungsparameter, $\beta$: Helix-Neigungswinkel. E5-CSC, -ASC, -CSA und -ACA jeweils Dimer, E5-ASA Monomer.

*Ergebnisse*

## 4.5 Strukturuntersuchungen mit NMR

Die Sekundärstrukturuntersuchungen mit CD wurden durch entsprechende Untersuchungen mittels hochauflösender Flüssigkeits-NMR ergänzt. Hierzu wurde jeweils die Dimerfraktion des Wildtyp-Proteins sowie der verschiedenen Einfach-Cystein-Mutanten und die Monomerfraktion von E5-ASA untersucht. Für die NMR-Untersuchungen wurden alle E5-Proteine $^{15}$N-isotopenmarkiert, so dass alle Stickstoffatome in den Peptidbindungen und Seitenketten detektiert werden konnten.

### 4.5.1 Strukturuntersuchungen des E5-Wildtypproteins in TFE

Das $^1H^{15}N$-HSQC-Spektrum ist ein zweidimensionales NMR-Experiment, welches als Grundlage der Strukturaufklärung stickstoffmarkierter Proteine mittels Flüssigkeits-NMR dient. Hierbei erhält man für jedes Stickstoffatom jeweils ein Signal im Spektrum. Für E5 werden insgesamt 49 Signale erwartet: 43 Signale für Stickstoff-Atome der Peptidbindung, wobei die beiden Prolin-Stickstoffatome aufgrund des Fehlens eines Protons keine Signale erzeugen, sowie 7 Seitenketten-Signale für die Aminosäuren Asparagin, Glutamin, Tryptophan und Histidin. Mittels der HSQC-Messungen soll ermittelt werden unter welchen Bedingungen die verschiedenen E5-Proteine eine gefaltete Struktur haben oder ungefaltet vorliegen. Im Falle einer gefalteten Struktur sollten die einzelnen Aminosäurensignale eine schmale Linienbreite haben und entsprechend weit über das Spektrum verteilt sein, während es bei ungefalteten Strukturen oftmals zu Qualitätseinbußen in Form von Linienverbreiterung und sich überlagernden Signalen in einem engen spektralen Bereich kommt.

Alle E5-Varianten wurden hierzu in 90% TFE und 10% D$_2$O untersucht, um einen ersten Eindruck von der möglichen Sekundärstruktur zu erhalten. In Abbildung 40 ist der Ausschnitt des HSQC-Spektrums zwischen 6 und 10 ppm ($^1$H-Skala) bzw. 105 und 130 ppm ($^{15}$N-Skala) des Wildtyp-Proteins gezeigt. Hierbei sind ca. 25 einzelne und gut aufgelöste Signale verteilt über das Spektrum sichtbar, was etwa der Hälfte der erwarteten Anzahl an Signalen entspricht. Eine genaue Zuordnung der einzelnen Signale zu bestimmten Aminosäuren des E5-Proteins kann aber ohne weitere dreidimensionale NMR-Messungen (COSY, TOCSY) oder Aminosäure selektiv markierte Proteinproben nicht erfolgen. Jedoch können anhand der bekannten chemischen Verschiebungen von Proteinen aus der „*Biological Magnetic Resonance Data Bank*" (BMRB, http://www.bmrb.wisc.edu) einige der Signale qualitativ zu

*Ergebnisse*

bestimmten Aminosäuren zugeordnet werden. Daher kann angenommen werden, dass vermutlich zwischen δ ($^1$H) ≈ 9,4 bis 9,8 ppm die Seitenketten der beiden Tryptophane (Position 5 und 32) erkennbar sind. Bei den Signalen mit den chemischen Verschiebungen zwischen δ ($^1$H) ≈ 6,4 bis 7,4 ppm bzw. δ ($^{15}$N) ≈ 106 bis 108 ppm handelt es sich um die Seitenketten des Asparagins (Position 3) und des Glutamins (Position 17). Für beide Aminosäuren sind in den genannten Bereichen jeweils zwei Signale, bedingt durch die unterschiedlichen chemischen Verschiebungen der beiden Protonen der terminalen Aminogruppen, zu erkennen. Die Signale im Bereich zwischen δ ($^1$H) ≈ 8 bis 8,4 bzw. δ ($^{15}$N) ≈ 105 bis 110 ppm werden wahrscheinlich durch die Glycine (N-Terminus, Position 11 und 42) und/oder durch Serin (Position 37 bis 39 je nach Mutante) und Threonin (Position 31) verursacht, wobei beim Wildtyp-Protein in diesem Bereich nur drei Signale erkennbar sind. Zusätzliche Signale in diesem Bereich konnten beispielsweise bei E5-CSA detektiert werden (vergleiche mit Abbildung 41). Weiterhin befinden sich im Zentrum des Spektrums mehrere nicht aufgelöste Signale. Anhand der Dispersion der chemischen Verschiebungen der Signale kann angenommen werden, dass das Wildtyp-Protein unter den genannten Bedingungen (zumindest teilweise) strukturiert vorliegt, was in Einklang steht mit den Ergebnissen der CD-Sekundärstrukturuntersuchungen in TFE (verleiche mit Abschnitt 4.4.1).

*Ergebnisse*

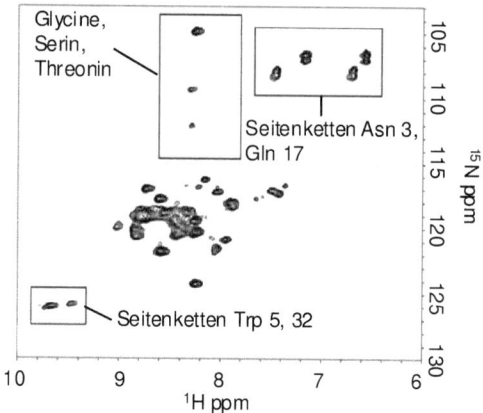

Abbildung 40: HSQC-NMR-Spektum E5-Wildtyp in TFE.
HSQC-Messung des dimeren E5-Wildtyp-Proteins in 90% TFE und 10% $D_2O$ bei 37 °C mit einer Poteinkonzentration von ca. 2 mg/ml. Anhand der chemischen Verschiebungen können die Seitenketten von Aspargin, Glutamin und Tryptophan zugeordnet werden. Im Bereich zwischen δ (1H) ≈ 8 und 8,4 ppm bzw. δ (15N) ≈ 105 bis 110 ppm liegen vermutlich die Glycine, Serin und Threonin.

## 4.5.2 Strukturuntersuchungen der E5-Cystein-Mutanten in TFE

Neben den HSQC-Messungen des E5-Wildtyp Proteins wurden auch von den verschiedenen E5-Cystein-Mutanten HSQC-Messungen in TFE durchgeführt. Hierbei zeigen die NMR-Spektren prinzipiell eine vergleichbare Dispersion der NMR-Signale unabhängig von der Cystein-Mutation (Abbildung 41 und 42). Neben den Bereichen mit sich überlagernden Signalen im Zentrum der Spektren sind bei E5-ACA ca. 27 Signale, bei E5-ASC und E5-CSA jeweils ca. 29 Signale und bei E5-ASA 44 einzelne Signale erkennbar. Im Vergleich mit den anderen HSQC-Spektren sticht das HSQC-Spektrum von E5-ASA durch seine besonders gute Qualität heraus. Während bei den anderen E5-Varianten jeweils Bereiche mit sich überlagernden Signalen im Zentrum des Spektrums auftraten, sind bei E5-ASA annähernd alle Signale gut aufgelöst. Denkbar ist, dass durch die Ausbildung der Disulfidbrücken bei den anderen E5-Versionen Austauschphänomene oder eine ungünstige Dynamik auftraten, wodurch die Qualität der Spektren beeinträchtigt wird. Auch könnte die geringere Größe des monomeren E5-ASA im Vergleich zu den anderen, dimeren E5-Varianten eine Rolle spielen.

*Ergebnisse*

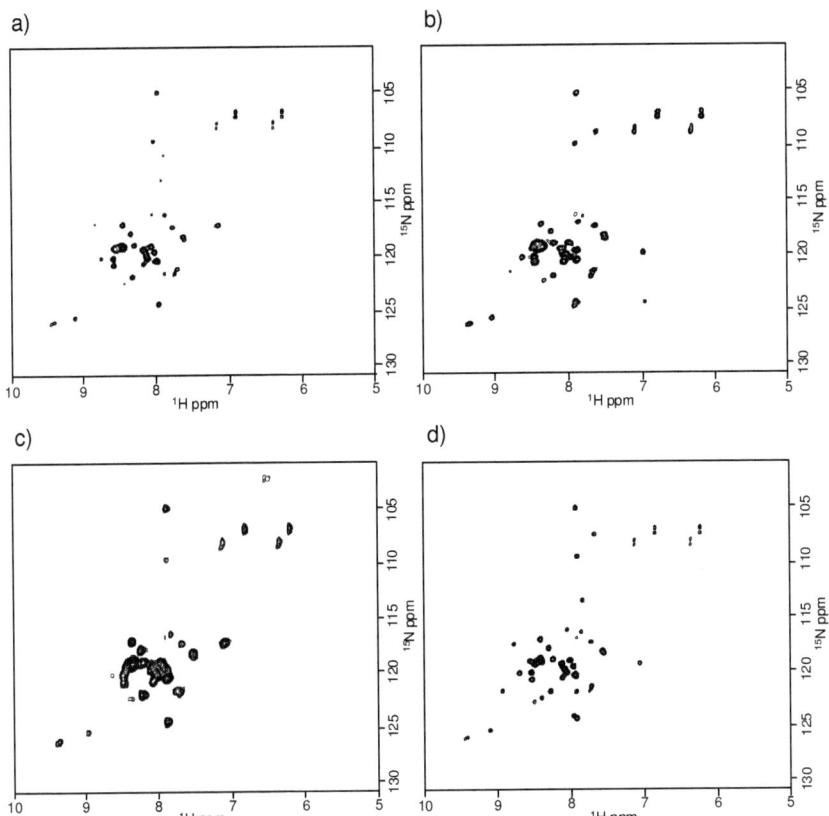

Abbildung 41: HSQC-NMR-Spektren der verschiedenen E5-Mutanten in TFE
HSQC-Spektren der verschiedenen E5-Varianten in 90% TFE und 10% $D_2O$ bei einer Temperatur von 37 °C und einer Proteinkonzentration von durchschnittlich 2 mg/ml. a) E5-ASC Dimer, b) E5-CSA Dimer, c) E5-ACA Dimer, d) E5-ASA Monomer. Gezeigt sind jeweils die Ausschnitte zwischen 6 und 10 ppm der $^1$H-Skala, sowie zwischen 105 und 130 ppm der $^{15}$N-Skala.

Der Vergleich der HSQC-Spektren zeigt, dass die Spektren des E5-Wildtyp-Proteins und der verschiedenen E5-Mutanten gut miteinander zur Deckung gebracht werden können (Abbildung 42). Ausgehend davon, dass die chemischen Verschiebungen der einzelnen Aminosäuren äußerst sensibel auf Veränderungen in der Umgebung reagieren, kann angenommen werden, dass sowohl das E5-Wildtyp-Protein wie auch die verschiedenen E5-Mutanten zumindest in TFE eine ähnliche Sekundärstruktur haben. Trotzdem sind geringfügige Unterschiede aufgrund der verschiedenen

*Ergebnisse*

Mutationen zu erwarten, welcher aber in den gezeigten Spektren aufgrund unterschiedlicher Signal-zu-Rausch Verhältnisse sowie der sich überlagernden Signale nicht auszumachen sind. Insgesamt aber stimmen die Ergebnisse der NMR-Untersuchungen in TFE mit den Ergebnissen der Sekundärstrukturuntersuchungen mittels CD-Spektroskopie gut überein, wo ebenfalls keine gravierenden Unterschiede zwischen den einzelnen E5-Varianten festgestellt worden sind.

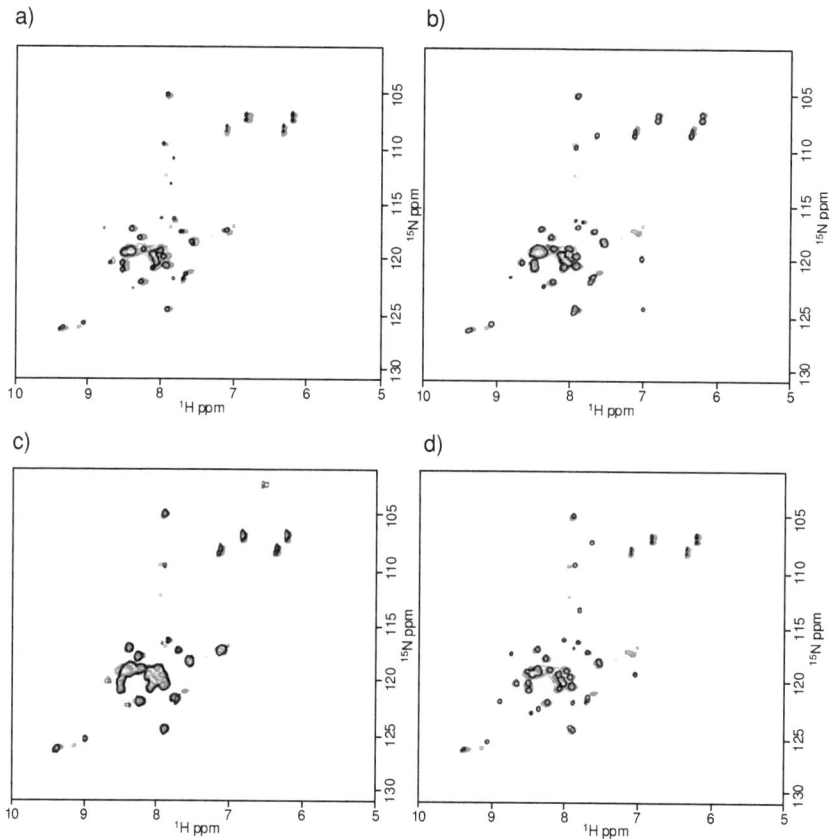

Abbildung 42: Vergleich der HSQC-Spektren E5-Wildtyp und E5-Mutanten.
Die HSQC-Spektren des Wildtyp-Proteins (ausgefüllt) und der verschiedenen E5-Mutanten (umrandet) können gut miteinander zur Deckung gebracht werden, wodurch angenommen werden kann, dass alle E5-Varianten eine ähnliche Sekundärstruktur haben. a) E5-Wildtyp Dimer und E5-ASC Dimer, b) E5-Wildtyp Dimer und E5-CSA Dimer, c) E5-Wildtyp Dimer und E5-ACA Dimer, d) E5-Wildtyp Dimer und E5-ASA Monomer.

*Ergebnisse*

### 4.5.3 Strukturuntersuchungen der E5-Proteine in Detergenzien

Neben den Untersuchungen in TFE wurden alle E5-Varianten auch in Mizellen aus deuterierten $DPC_{d38}$ und $SDS_{d28}$ rekonstituiert und mittels Flüssigkeits-NMR untersucht. Die resultierenden HSQC-Spektren zeigen alle deutliche Linienverbreiterung, so dass keine aufgelösten Signale mehr zu erkennen sind. Beispielsweise ist in Abbildung 43 das HSQC-Spektrum für das E5-Wildtyp-Protein in DPC gezeigt. Einige wenige Signale treten hierbei an den gleichen Stellen auf wie in TFE, jedoch sind die Signale kaum aufgelöst und heben sich ebenfalls nur wenig vom Hintergrundrauschen ab. Entsprechende Beobachtungen wurden auch bei allen E5-Mutanten festgestellt. Trotz verschiedener Versuche durch Veränderungen der Proteinkonzentration, Verwendung verschiedener Detergenzien, unterschiedlicher Mengen dieser Detergenzien, hohen und niedrigen Messtemperaturen, sauren und neutralen pH-Wert sowie unterschiedlich langen Messzeiten konnte für keine der E5-Varianten eine nennenswerte Verbesserung erzielt werden. Die anschließende Überprüfung der NMR-Proben mit CD konnte aber jeweils eine α-helikale Sekundärstruktur bestätigen, so dass die beschriebenen Beobachtungen nicht durch eine fehlende Rekonstitution erklärt werden können. Scheinbar treten in Detergenzien dynamische Effekte wie Austauschphänomene oder ungünstige NMR-Relaxationen auf, welche die Messung der Proben beeinflussen und die Aufnahme von HSQC-Spektren verhindern.

a)　　　　　　　　　b)

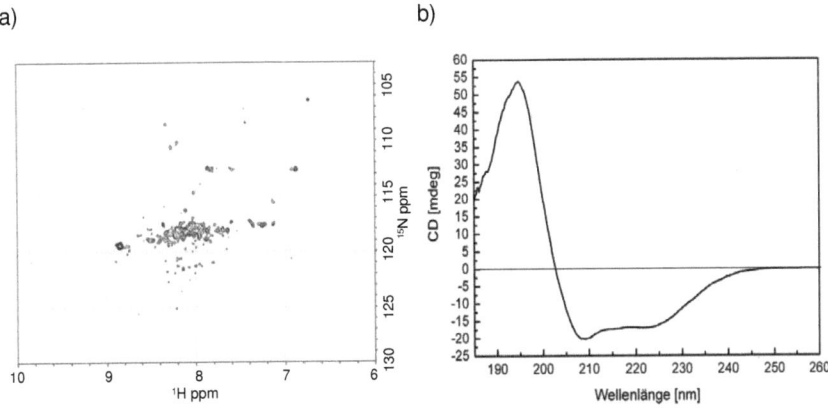

Abbildung 43: HSQC- und CD-Spektrum des E5-Wildtyp-Proteins in DPC.
a) Aufgrund von Linienverbreiterung können im HSQC-Spektrum des E5-Wildtyp-Proteins in 200 mM $DPC_{d38}$ (P:D = 1:500) bei pH 3,3 und 37 °C keine einzelnen Signale aufgelöst werden. b) das CD-Spektrum der NMR-Probe zeigt eine helikale Sekundärstruktur.

*Ergebnisse*

## 4.5.4 Strukturuntersuchungen der E5-Proteine in Lipiden

Neben den Strukturuntersuchungen mittels Flüssigkeits-NMR wurden auch verschiedene Versuche unternommen E5 mittels Festkörper-NMR zu untersuchen. Zum damaligen Zeitpunkt der Probenherstellung waren die Einflüsse des pH-Werts und der Temperatur noch nicht bekannt. Außerdem wurde nur DMPC (und nicht DMPC/LMPC) sowie deutlich höhere Protein-zu-Lipid Verhältnisse verwendet. Somit führten die zu hohen Proteinkonzentrationen in den Proben, das Fehlen von LMPC, sowie die Rehydratisierung unter neutralen pH-Wert zur Aggregation von E5. In Abbildung 44 ist beispielhaft das $^{15}$N-1D-NMR-Spektrum des E5-Wildtyp-Proteins in orientierten DMPC-Doppelschichten gezeigt. Die Form des Spektrums repräsentiert ein Pulver-Spektrum, welches bei fehlender oder mangelhafter Ausrichtung der Proteine entsteht. Somit kann im Umkehrschluss angenommen werden, dass bei dem hier gezeigten Beispiel in der Tat ungünstige Bedingungen vorlagen, bei welchen die Aggregation von E5 begünstigt war. Eine neue Serie von $^{15}$N-NMR-Experimenten in orientierten DMPC/LMPC-Membranen ist in Bearbeitung, konnte jedoch nicht mehr in diese Dissertation einfließen.

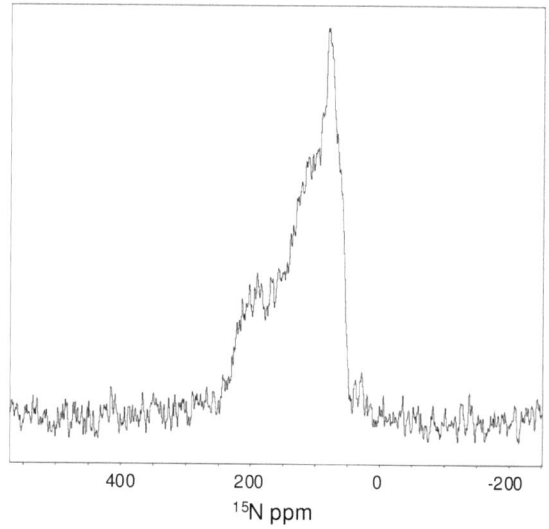

$^{15}$N ppm

Abbildung 44: Festkörper-NMR 1D-Spektrum E5-Wildtyp in DMPC/LMPC.
Das $^{15}$N-1D-Spektrum des E5-Wildtyp-Proteins in orientierten DMPC-Doppelschichten auf Glasplättchen mit einem P:L-Verhältnis von ca. 1:100 zeigt ein Pulverspektrum aufgrund fehlender oder mangelhafter Orientierung der Proteine.

# 5 Diskussion

## 5.1 Kovalente Dimerisierung – Rolle der Disulfidbrücken

Die Cysteine des E5-Proteins waren bereits in der Vergangenheit Gegenstand verschiedener Untersuchungen, wobei jedoch hauptsächlich die biologischen Funktionen, wie DNA-Synthese, zelluläre Transformation sowie Bindung und Aktivierung des PDGF-Rezeptors β untersucht worden sind. (Für eine Zusammenfassung der verschiedenen Untersuchungen siehe [57]). Beide Cysteine gehören zu den wenigen Aminosäuren in E5, welche konserviert sind und auch in anderen Papillomavirenarten vorkommen.[37] Generell kommt es zu einer Verringerung der biologischen Aktivität, wenn eines der beiden Cysteine mutiert, und oftmals zum Totalausfall wenn beide Cysteine entfernt wurden. Während die Auswirkungen von Cystein-Mutationen auf die biologische Funktion intensiv analysiert worden sind, fehlen Untersuchungen, welchen Einfluss die Disulfidbrücken auf die Struktur von E5 haben. Es ist denkbar, dass eine korrekte dreidimensionale Proteinfaltung erst durch die Dimerisierung und Ausbildung der Disulfidbrücke(n) zustande kommt. Weiterhin gibt es aus der Literatur keine Hinweise darauf, welche Konformation im CSC-haltigen Bereich vorliegt und ob die Proteinstränge parallel oder antiparallel miteinander verbrückt sind.

Die Ergebnisse der hier vorgestellten Strukturuntersuchungen mittels CD und NMR haben gezeigt, dass es durch die verschiedenen Cystein-Substitutionen zu keiner drastischen Änderung in der Struktur von E5 kommt (siehe Abschnitte 4.4 und 4.5), und dass das E5-Monomer und Dimer eine vergleichbare Sekundärstruktur haben. Somit kommt es durch die Ausbildung der Disulfidbrücken zu keiner Umfaltung der Struktur oder Umorientierung in der Membran, welche das E5-Protein erst in seinen aktiven Zustand versetzt. Möglicherweise vorhandene, geringfügige Unterschiede zwischen den verschiedenen E5-Varianten können mit Hilfe der CD-Spektroskopie, welche nicht empfindlich genug ist und nur globale Informationen über die Sekundärstruktur liefert, nicht aufgelöst werden. Außerdem werden diese CD-Spektren auch von der α-Helix dominiert, so dass geringfügige Unterschiede im nicht-helikalen Bereich, wo vermutlich die Cysteine liegen, leicht überdeckt werden. Ohne weiterführende hochauflösende NMR-Experimente kann anhand der bisher gewonnenen NMR-Ergebnisse nicht ausgeschlossen werden, dass tatsächlich geringfügige Unterschiede in den lokalen Strukturen vorhanden sind. Weiterhin

*Diskussion*

wurde festgestellt, dass eine einzige Disulfidbrücke ausreichend für die kovalente Dimerisierung von E5 ist. Welche der beiden Disulfidbrücken sich hierbei ausbildet scheint keine Rolle zu spielen, da sowohl E5-ASC wie auch E5-CSA grundsätzlich in der Lage sind kovalente Dimere auszubilden und eine vergleichbare Sekundärstruktur wie das Wildtyp-Protein haben. Eine antiparallele Ausrichtung der beiden Proteinstränge des E5-Dimers ist daher eher unwahrscheinlich, und eine parallele Anordnung erscheint wahrscheinlicher. Darüber hinaus kann die Position der Disulfidbrücke verschoben werden, ohne dass es hierbei zu einem Verlust der Fähigkeit zu dimerisieren bzw. zu einer Umfaltung in der Sekundärstruktur kommt. Dies deutet darauf hin, dass die Cysteine sich in einem Bereich befinden, welcher flexibel genug ist, um Veränderungen in der Position der Disulfidbrücken zu tolerieren. Eine lokale α-helikale Sekundärstruktur erscheint im CSC-Sequenzmotiv daher unwahrscheinlich. Für eine E5-Mutante, welche ebenfalls das ACA-Sequenzmotiv hat und bereits früher auf ihre Transformationsfähigkeit hin untersucht worden ist, konnte sogar die biologische Aktivität nachgewiesen werden.[55] In der gleichen Arbeit konnte gezeigt werden, dass die Cysteinpaare auch auf die Positionen 36 und 40 bzw. 34 und 42 verschoben werden können, ohne dass es zu einem Totalausfall der biologischen Aktivität kam.

Da offensichtlich eine einzige Disulfidbrücke für eine zumindest partielle biologische Funktion und die Ausbildung einer stabilen Sekundärstruktur von E5 ausreichend ist, bleibt die Frage offen, ob sich beim Wildtyp-Protein auch tatsächlich beide Brücken gebildet haben. Der Nachweis hierüber könnte massenspektrometrisch mit Hilfe von Jodacetamid erfolgen.[100,101] Falls das Wildtyp-Dimer über freie Cysteine verfügt, könnte im Zuge der irreversiblen Alkylierung der freien SH-Gruppen mit Jodacetamid zu S-Carboxyamidomethylcystein eine Zunahme der spezifischen Masse von E5 um 58 Da je freiem Cystein nachgewiesen werden.

*Diskussion*

## 5.2 Nicht-Kovalente Dimerisierung – Helix-Helix-Interaktionen

Die Analyse der Monomerfraktion nach Aufreinigung mittels SDS-PAGE zeigte bei allen E5-Proteinen neben dem erwarteten Monomer auch noch jeweils eine Bande auf Höhe des Dimers (siehe Abschnitt 4.2.3). Da diese Dimerbande auch bei E5-ASA, welches keine kovalenten Dimere ausbilden kann, auftrat, muss bei allen E5-Proteinen davon ausgegangen werden, dass sie auch nicht-kovalent dimerisieren können. Unklar ist, ob diese nicht-kovalente Dimerisierung auch bei den CD-Proben aufgetreten ist. Da die E5-Konzentration in den CD-Proben aber im Vergleich zu den SDS-Gelproben um ein Vielfaches geringer war, kann angenommen werden, dass E5 hauptsächlich als Monomer bzw. kovalentes Dimer vorlag. Die nicht-kovalente Dimerisierung von E5 wird vermutlich durch spezifische hydrophobe Wechselwirkungen und interhelikale Wasserstoffbrücken im Bereich der Transmembrandomäne vermittelt. Ein ähnliches Verhalten wurde auch bei der Untersuchung der E5-Deletionsmutante E5$_{TM}$, welche nur die Transmembrandomäne umfasst, festgestellt.[44] Prinzipiell ist somit die Transmembrandomäne alleine ausreichend um eine Dimerisierung von E5 herbeizuführen. Scheinbar haben die nicht-kovalente Dimere auch eine vergleichbare Sekundärstruktur wie die kovalente Dimere, da in dieser Arbeit keine Unterscheidung zwischen beiden möglich war. Ein weiterer Hinweis hierfür ergibt sich auch aus der Tatsache, dass eine E5-Deletionsmutanten ohne Cysteine mit dem PDGF-β-Rezeptor einen aktiven Komplex bilden kann.[34] Wenn angenommen wird, dass die Aktivierung des Rezeptors nur in einer bestimmten Anordnung der beiden Untereinheiten des Dimers erfolgen kann, müssen im Umkehrschluss die nicht-kovalenten und kovalenten E5-Dimer eine ähnliche Struktur haben. Starke nicht-kovalente Wechselwirkungen würden auch die Ergebnisse der chemischen Reduktionstests erklären. Bei der SDS-Gelelektrophorese konnte bei keinem der durchgeführten Reduktionsprotokolle eine Monomerbande erzeugt werden. Die Wirkung des nachträglich zugegebenen Reduktionsmittels auf die im Probenpuffer gelösten Proteine könnte durch abschirmende Effekte der SDS-Mizellen verhindert worden sein. Denkbar ist auch, dass die Disulfidbrücken tatsächlich gespalten wurden, aber, dass aufgrund starker hydrophober Wechselwirkungen in den Mizellen die Dissoziation der Untereinheiten verhindert wurde. Dies würde auch erklären, warum selbst bei den Proben, bei welchen vor der Zugabe des Probenpuffers die Disulfidbrücken zu reduzieren versucht waren, keine Monomerbande erzeugt werden konnten.

*Diskussion*

## 5.3 Sekundärstruktur von E5

### 5.3.1 Sekundärstruktur von E5 in Detergenzien und Lipiden

Die Sekundärstrukturuntersuchungen in Detergenzien und Lipiden ergaben für alle E5 Proteine einen regulären Helixanteil $\alpha_R$ von ca. 50 bis 55%. Ein vergleichbares Ergebnis wurde auch mit Hilfe der Einzelwellenlängen-Auswertung ermittelt. Umgerechnet auf die Gesamtzahl der Aminosäuren in E5 entspricht diese Helizität ca. 23 bis 25 Aminosäuren, wobei angenommen werden kann, dass sich diese Aminosäuren vermutlich zwischen Phenylalanin 9 und Histidin 34 (= 26 Aminosäuren) befinden, da hierfür bereits früher eine helikale Sekundärstruktur ermittelt werden konnte (Abbildung 45).[44] Für fast den gleichen Bereich wird auch die Lage der Transmembrandomäne anhand der Programme SOSUI und TMHMM vorhergesagt.[102,103] Auffallend ist auch die Lage der beiden Tryptophane an Position 5 und 32, welche zwischen sich einen Bereich von 26 Aminosäuren einschließen. Sowohl bei einfach die Membran durchspannenden Proteinen als auch Proteinen mit mehreren Transmembransegmenten wurde beobachtet, dass Tryptophan mit erhöhter Häufigkeit an den Helixenden in der Schicht zwischen den polaren Kopfgruppen der Membranlipide und den hydrophoben Alkylketten vorkommt.[59,104] Erste Ergebnisse von Fluoreszenzmessungen, bei denen anhand von Bandenverschiebungen der Tryptophanabsorption ermittelt werden kann, ob sich die Tryptophane innerhalb oder außerhalb der Membran befinden, lassen darauf schließen, dass zumindest eines der beiden Tryptophane in die Membran eingebettet ist (Hoffmann, S., persönliche Kommunikation).

Die Anteile $\alpha_D$ an deformierter Helix lagen durchschnittlich bei 25 bis 28%, was 11 bis 12 Aminosäuren entspricht. Definitionsgemäß werden reguläre Helixbereiche von deformierten Bereichen eingeschlossen, welche den Übergang zu anderen Sekundärstrukturelemente und unstrukturierten Bereichen bilden.[88] Somit befinden sich die deformierten Helixbereiche in E5 wahrscheinlich beidseitig der zentralen Transmembranhelix und bilden den Übergang zu den restlichen, hauptsächlich unstrukturierten Bereichen, welche am C- und N-Terminus von E5 vorkommen.

*Diskussion*

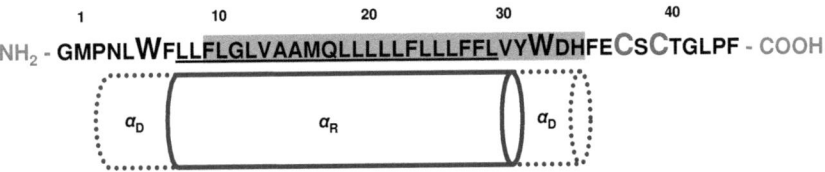

Abbildung 45: Vermutliche Lage der helikalen Transmembrandomäne in E5. Gezeigt sind die 44 Aminosäuren von E5 einschließlich des Glycins, welches zusätzlich N-terminal aufgrund der Hydroxylamin-Schnittstelle vorhanden ist. Für den Bereich zwischen Phenylalanin 9 und Histidin 34 (hinterlegt) wurde mittels CD eine helikale Sekundärstruktur ermittelt.[44] Zwischen Leucin 7 und Leucin 29 wird die Transmembrandomäne mittels verschiedener Sequenzanalyse-Programme vorhergesagt (unterstrichen). Nach den hier vorliegenden Erkenntnissen liegt die helikale Transmembrandomäne von E5 vermutlich im Bereich zwischen den beiden Tryptophanen an Position 5 und 32 und wird von deformierten Helixbereichen eingeschlossen. Die Cysteine liegen außerhalb der helikalen Domäne im benachbarten unstrukturierten Bereich.

Für das E5-Protein wurde postuliert, dass die beiden Untereinheiten des E5-Dimers über spezifische interhelikale Wechselwirkungen im Bereich der helikalen Transmembrandomäne ein Dimer-Interface bilden (Abbildung 3).[41] Verschiedene Anordnungen der beiden Helices zueinander wurden durch das Anhängen eines N-terminalen Leucin-Zipper-Dimerisierungsmotivs auf ihre biologische Aktivität hin untersucht.[40] Hierbei wurde festgestellt, dass das E5-Dimer nur in der von *Surti, T. et al.*[41] vorgeschlagenen Anordnung der beiden Helices zueinander seine biologische Aktivität entfalten kann, während bei Anordnungen, welche von dieser Struktur abweichen, die Aktivität verloren geht. Nimmt man an, dass sich ein Dimer nur ausbilden kann, wenn sich die beiden Untereinheiten in dieser spezifischen Anordnung zueinander ausrichten, dann würden bei einer angenommenen helikalen Struktur in der C-terminalen Domäne die beiden Cysteine des Wildtyp-Proteins um 200° versetzt auf verschiedenen Helixseiten liegen, wodurch sich nicht beide Disulfidbrücken gleichzeitig ausbilden könnten (Abbildung 46). Weiterhin würde sich bei mindestens einer der Einfach-Cystein-Mutanten aufgrund der oben erwähnten Beschränkungen das Cystein auf der abgewandten Helixseite befinden, wodurch keine kovalente Dimerisierung mehr möglich wäre. Im Umkehrschluss kann deshalb angenommen werden, dass im Bereich der Cysteine wahrscheinlich keine helikale Sekundärstruktur vorkommt.

Diskussion

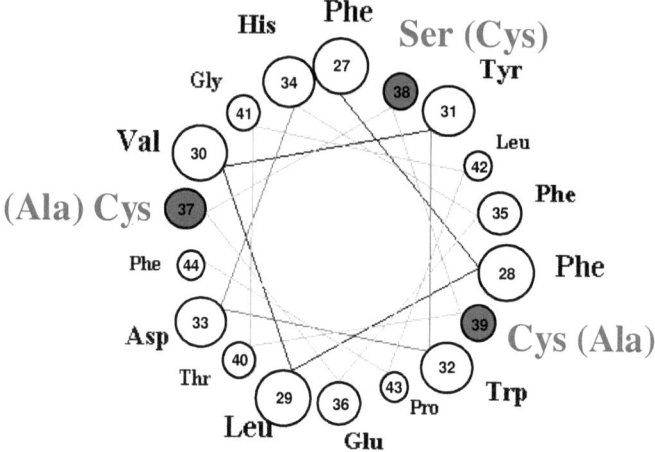

Abbildung 46: Helical Wheel-Diagramm des E5-Wildtyp-Proteins. Gezeigt ist nur der C-terminale Bereich zwischen Phenylalanin 27 und 44. Bei einer angenommenen helikalen Struktur in diesem Bereich würden die beiden Cysteine des Wildtyps bzw. die Cysteine der verschiedenen Einfach-Cystein-Mutanten auf verschiedenen Helixseiten liegen und könnten nicht auf einheitliche Weise ein kovalenten Dimer bilden. Daher ist eine helikale Sekundärstruktur für den C-terminalen Bereich von E5 unwahrscheinlich.

## 5.3.2 Sekundärstruktur von E5 in TFE

Da die Sekundärstruktur-Auswertungen mit CONTIN LL nicht für organische Lösungsmittel anwendbar sind, konnte der helikale Anteil in TFE nur mit der Einzelwellenlängen-Auswertung bei 220 nm errechnet werden, wobei durchschnittlich 70 bis 72% Helizität ermittelt wurden. Wenn, wie im Falle der Detergenzien und Lipide, die Ergebnisse der Einzelwellenlängen-Auswertung jeweils nur die regulären Helixanteile widerspiegeln, so kommt es in TFE zu einer Erweiterung der regulären Helixbereiche um ca. 15 bis 20%. Unbekannt bleibt, ob es neben den regulären Helixanteilen in TFE noch zusätzlich deformierte Helixbereiche und andere Sekundärstrukturelemente gibt. Der Helixanteil von 70 bis 72% in TFE stimmt annähernd mit der Summe von ca. 70 bis 75% aus regulärer und deformierter Helix in Detergenzien und Lipiden überein. Daher kann angenommen werden, dass sich der helikale Kern $\alpha_R$ in TFE um die in Detergenzien und Lipiden deformierten Helixbereiche erweitert hat (Abbildung 47).

*Diskussion*

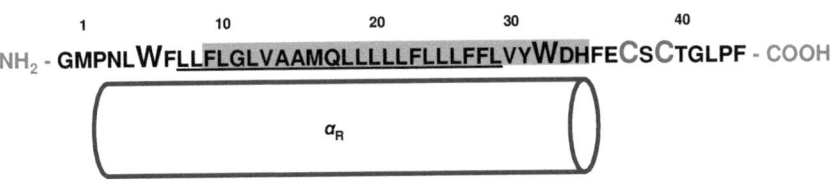

Abbildung 47: Hypothetischer Helixbereich von E5 in TFE.
In TFE erweitert sich der helikale Kern um die deformierten Helixbereiche, die in Detergenzien und Lipide beobachtet werden. Für die Beschreibung der einzelnen Elemente siehe Abbildung 45.

Mittels Infrarot-Spektroskopie konnte gezeigt werden, dass ca. 39 +/- 3 Aminosäuren in helikaler Faltung vorliegen können, was darauf hindeutet, dass E5 unter bestimmten Bedingungen über den Bereich der vermutlichen Transmembrandomäne hinaus eine helikale Sekundärstruktur einnehmen kann.[41] Außerdem wurde ermittelt, dass ca. 26 bis 28 der Aminosäuren keinen Kontakt zum Wasser haben und somit in der Membran eingebettet waren. Von der Anzahl her könnte es sich bei diesen Aminosäuren um die gleichen handeln, welche für den regulären Helixbereich in Detergenzien und Lipiden angenommen wurden. Mit einem $H_2O/D_2O$-NMR-Austauschexperiment könnte untersucht werden, wie viele und vor allem welche Aminosäuren von E5 in Detergenzmizellen Kontakt zum Wasser haben bzw. durch die Detergenzmoleküle abgeschirmt sind. In einem solchen Austauschexperiment kommt es zum Austausch der Amidprotonen der Peptidbindungen mit Deuterium, so dass im $^1H^{15}N$-HSQC-Spektrum die entsprechenden Signale verschwinden. Hierbei tauschen aber nur die Amidprotonen aus, welche im Kontakt zum Wasser stehen, während die Protonen im Inneren der Mizellen vor dem Austausch geschützt sind. Im Vergleich mit einem Referenzspektrum können dann die verschwundenen Signale zu einzelnen Aminosäuren zugeordnet werden. Ein solches Experiment kann erfolgen, sobald die optimalen Bedingungen für die Rekonstitution von E5 in Detergenzien gefunden wurden, so dass es nicht mehr zur Proteinaggregation kommt.

*Diskussion*

## 5.4 Orientierung der E5-Helix in der Membran

Neben der gleichen Sekundärstruktur zeigten alle E5-Proteine unabhängig von den Cystein-Substitutionen eine leicht schräge Membranorientierung in der Lipiddoppelschicht bezüglich der Membrannormalen (siehe Abschnitt 4.4.6). Der unmittelbare Einfluss der mutierten Aminosäuren auf die Orientierung des Proteins in der Membran ist erwartungsgemäß eher gering, da es aufgrund der Lage der Cysteine außerhalb des angenommenen Transmembranbereichs wahrscheinlich zu keiner direkter Interaktion zwischen der ausgetauschten Aminosäure und den Lipiden kommt. Auch scheint es durch die Dimerisierung von E5 zu keiner Änderung der Helixorientierung in der Membran zu kommen, da E5-ASA keine grundlegend andere Ausrichtung in der Membran hatte als die dimeren E5-Varianten. Somit kann ausgeschlossen werden, dass die Interaktion zwischen E5 und dem PDGF-β-Rezeptor durch eine Umorientierung in der Membran aufgrund der Dimerisierung von E5 ausgelöst bzw. erst ermöglicht wird. Die anhand der OCD-Spektren beobachteten leicht schrägen Orientierungen werden durch die errechneten Neigungswinkel von 26° bis 30° bestätigt, wobei die Werte aufgrund verschiedener Unsicherheiten bei der Berechnung, wie beispielsweise die Ermittlung der realen Proteinkonzentration in der Probe, eher als Richtwerte anzusehen sind. Dennoch passen die errechneten Winkel gut zu dem durch Infrarotspektroskopie für E5 ermittelten Neigungswinkel von ca. 20° in DMPC-Lipid-Doppelschichten.[41]

Berücksichtigt man nur den errechneten Neigungswinkel sind verschiedene Ausrichtungen des E5-Dimers in der Membran denkbar. Am wahrscheinlichsten ist eine überkreuzte Anordnung mit $C_2$-Drehsymmetrie, in welcher die beiden Untereinheiten jeweils in verschiedene Richtungen zeigen und dadurch zwischen sich einen Winkel von 56° einschließen (Abbildung 48a). Denkbar wäre auch eine Anordnung, in welcher die beiden Untereinheiten des Dimers parallel (translational) nebeneinander liegen, so dass das Dimer insgesamt einen Neigungswinkel von 28° hat (Abbildung 48b). Weiterhin wäre auch eine Anordnung möglich, in der die beiden Untereinheiten über Disulfidbrücken verbunden sind, aber sonst kein Kontakt zwischen den beiden Helices besteht (Abbildung 48c). Diese Anordnung kann aber anhand der beobachteten Dimerisierung von E5-ASA vermutlich ausgeschlossen werden.

*Diskussion*

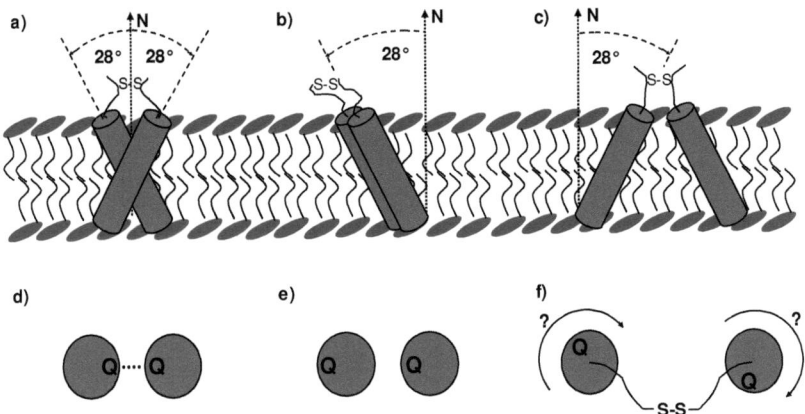

Abbildung 48: Mögliche Anordnungen der Untereinheiten des E5-Dimers.
a) bis c): Seitenansicht der Membran mit möglichen Anordnungen des E5-Dimers. Zur besseren Übersichtlichkeit ist jeweils nur eine Disulfidbrücke gezeigt. N: Membran-Normale. a) überkreuzte Coiled Coil-Anordnung der beiden Untereinheiten mit $C_2$-Symmetrie. b) Translation-Anordnung der Untereinheiten. c) Anordnung ohne Kontakt im Bereich der TMD. d) bis f): Sicht von oben auf das E5-Dimer. Zur Bestimmung des azimuthalen Helix-Drehwinkels ist Glutamin 17 (Q) eingezeichnet. d) die beiden Untereinheiten sind zueinander gedreht, so dass sich die interhelikalen Wechselwirkungen im Dimer-Interface ausbilden können. e) beide Untereinheiten des Dimers sind parallel (translational) ausgerichtet, so dass sich die oben beschriebenen interhelikalen Wechselwirkungen nicht ausbilden können. f) willkürliche Anordnung der beiden Untereinheiten zueinander. Weitere Erklärungen zur Abbildung siehe Text.

Die hier diskutierten Dimer-Anordnungen unterscheiden sich zwar nicht in ihrem Helix-Neigunsgwinkel, wohl aber in ihrer Symmetrie, d.h. in den einander gegenüberliegenden Aminosäuren im Interface. In der überkreuzten sowie auch in der parallelen Anordnung könnten sich die interhelikalen Wechselwirkungen im Dimer-Interface ausbilden, wenn die entsprechenden Aminosäuren der beiden Helices spiegelbildlich zueinander gedreht sind (Abbildung 48d). In einer parallelen Translation-Anordnung wären die beiden Untereinheiten genau gleich ausgerichtet, so dass es nicht zur Ausbildung des von *Surti, T. et al.*[41] vorgeschlagenen Dimer-Interfaces kommen kann (Abbildung 48e). Im Extremfall wäre sogar eine willkürliche Anordnung der beiden Untereinheiten vorstellbar (Abbildung 48f). Von allen Möglichkeiten passt die überkreuzte Anordnung am besten zu der anhand von MD-

*Diskussion*

Simulationen vorhergesagten Coiled Coil-Struktur, wobei dort die beiden überkreuzten Untereinheiten jedoch nur einen Winkel von 15 bis 22° einschließen.[41] Außerdem ist vermutlich nur in der überkreuzten Anordnung der beiden Untereinheiten zueinander die Komplexbildung mit dem PDGF-Rezeptor β möglich (siehe Abschnitt 1.1.3 und Abbildung 4).

Eine eindeutige Unterscheidung und Strukturaussage lässt sich über Festkörper-NMR-Experimente in orientierten Proben treffen, da hierbei nicht nur der Helix-Neigungswinkel sondern auch der azimuthale Helix-Drehwinkel ermittelt werden kann.

*Diskussion*

## 5.5 Ähnlichkeiten zu bekannten Coiled Coil-Peptiden

Die beschriebene pH- und Temperatureffekte sowie das Aussehen der CD-Spektren unter neutralen und sauren Bedingungen zeigen große Ähnlichkeiten zu bekannten helikalen Coiled Coil-Peptiden. Beispielsweise zeigt das 26 Aminosäuren lange Modell-Peptid VW19 die gleichen wie für E5 beobachteten spektralen CD-Muster (Abbildung 49a).[105] In Abhängigkeit des pH-Werts und der Peptidkonzentration nimmt VW19 unterschiedliche Konformationen ein. Bei saurem pH-Wert und niedriger Peptidkonzentration liegt das Peptid in einer einfachen α-helikalen Sekundärstruktur vor. Bei höheren Peptidkonzentrationen und neutralem pH-Wert hingegen bilden sich über mehrere Tage hinweg lange fibrillenförmige Peptidaggregate, deren CD-Spektren sich charakteristisch von den monomeren Peptiden unterscheiden. Während für die monomeren Peptide helikale CD-Spektren gemessen wurden, kommt es bei den entsprechenden CD-Spektren der Peptidfibrillen zu einer deutlichen Abnahme der Signalbanden des Maximums und der beiden Minima. In der Heptadstruktur von VW19 sind jeweils die Positionen a und d mit der hydrophoben Amonsäure Leucin besetzt, wodurch bei der Zusammenlagerung der helikalen Peptide zu einer Peptidfibrille ein hydrophober Kern entsteht, in welchen die Seitenketten der Leucine in a und a´ bzw. d und d´ miteinander interagieren. Zusätzlich kommt es zur Ausbildung elektrostatischer Wechselwirkungen zwischen den geladenen und polaren Seitenketten der Aminosäuren in den Positionen e und g, welche die Fibrillenstruktur zusätzlich stabilisieren. Die Zusammenlagerung einzelner Peptide zu einer größeren Fibrille hat Auswirkungen auf die CD-Messung, da durch die Zunahme der Größe es verstärkt zur Lichtstreuung und Absorptionsabflachung kommt, welche sich entsprechend auf die CD-Spektren auswirken. Die für VW19 beschriebenen CD-Spektren zeigen große Ähnlichkeiten mit denen in dieser Arbeit beobachteten Ergebnisse für das E5-Protein (vergleiche mit Abbildungen 30, 31, 35 und 37).

*Diskussion*

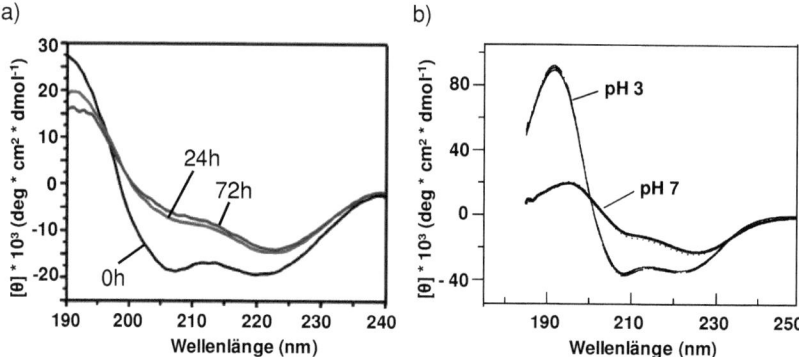

Abbildung 49: CD-Vergleichsspektren bekannter Coiled Coil Peptide. a) CD-Spektren von VW19 bei hohen Proteinkonzentrationen und pH 7. Nach mehreren Tagen bilden sich fibrillenförmige Peptidaggregate aus, deren spektralen CD-Eigenschaften vergleichbar sind mit E5 unter neutralen Bedingungen und als typisch für Coiled Coil-Strukturen bezeichnet werden. b) CD-Spektren von αFFP unter neutralen und sauren Bedingungen. αFFP bildet bei pH 3 lange, dünne Peptidfibrillen mit bis zu 80 Monomeren aus. Bei neutralem pH-Wert kommt es zu einer Konformationsänderung hin zu großen, sphärischen Partikeln.
Quelle: a) Abbildung 2c aus [105], modifiziert übernommen, b) Abbildung 2a aus [106], modifiziert übernommen.

Ein zweites Beispiel mit ähnlichen Eigenschaften ist das 34 Aminosäuren lange Model-Peptid αFFP.[106] Bei pH 3 hat αFFP eine helikale Sekundärstruktur mit dem typischen CD-Spektrum, während es bei neutralem pH-Wert zu ähnlichen Veränderungen im Spektrum kommt wie bei E5 (Abbildung 5-6b). Mittels Elektronenmikroskopie konnte nachgewiesen werden, dass αFFP unter sauren Bedingungen lange, ca. 3 nm dicke Fibrillen bildet, in welchen bis zu 80 Monomere zusammengelagert sind. Interessanterweise sind in den entsprechenden CD-Spektren keine Anzeichen von Aggregation sichtbar (siehe hierzu auch Abschnitt 5.6). Bei neutralem pH-Wert hingegen bilden die Peptide eher sphärische Partikel mit einem Durchmesser von ca. 15 nm. Aufgrund der zunehmenden Partikelgröße sowie der inhomogenen Verteilung der Moleküle tritt verstärkt Lichtstreuung und Absorptionsabflachung auf, wodurch es bei pH 7 zur Abnahme der Signalintensität sowie zur Verschiebung von Maximum und Minima kommt. Durch Erhitzen der Probe unter neutralen Bedingungen kann auch hier die α-helikale Sekundärstruktur

*Diskussion*

zurückgewonnen werden, wobei wie bei E5 eine extrem hohe Temperaturstabilität festgestellt wurde. Bei beiden Peptiden kommt es aufgrund ihrer Heptadsequenz zu starken Wechselwirkungen, welche die benachbarten Helices nicht-kovalent zusammenhalten. Hierbei spielen vor allem die hydrophoben Wechselwirkungen der Leucine eine Rolle. Die Heptadstruktur ist so angelegt, dass sich die Peptide unter bestimmten Bedingungen parallel und partiell versetzt zu höhermolekularen Strukturen zusammenfinden können. Auf diese Weise können sich in axialer Richtung mehrere Helices zu einem langen, fibrillenförmigen Aggregat zusammenlagern. Im E5-Protein sind 34% aller Aminosäuren ebenfalls Leucine. In dem von *Surti, T. et al.*[41] anhand von MD-Simulationen vorgeschlagenen Dimer-Interface kann aufgrund der Verteilung der Leucine ebenfalls eine Heptadstruktur angenommen werden (Abbildung 3c). Aufgrund dieser Heptadstruktur und der Ähnlichkeiten der CD-Spektren zu VW19 und αFFP kann für E5 ebenfalls die Ausbildung von höhermolekularen Strukturen angenommen werden. Ob E5 sich hierbei in ähnlicher Weise zu Fibrillen zusammenlagert kann jedoch erst über elektronenmikroskopische Untersuchungen geklärt werden.

*Diskussion*

## 5.6 Oligomerisierung von E5

Eine Eigenschaft von E5, welche im Verlauf der verschiedenen Untersuchungen immer wieder auftrat, ist die Tendenz zur Selbstassemblierung bzw. Aggregation der Helices, jedoch ohne Denaturierung als β-Faltblatt. Die CD-Spektroskopie hat sich als besonders geeignet erwiesen das Aggregationsverhalten von E5 genauer zu untersuchen und im Ansatz zu verstehen Das Erkennen und Verstehen des Aggregationsverhaltens von E5 nahm einen großen Teil dieser Arbeit in Anspruch und war entscheidend für die Herstellung der CD- und NMR-Proben (siehe Abschnitt 4.3).

Bei den Strukturuntersuchungen mittels CD in Detergenzien konnte gezeigt werden, dass die Rekonstitution von E5 unter anderem auch von der Proteinkonzentration bzw. dem Protein-zu-Detergenz Verhältnis, dem pH-Wert und der Temperatur abhängt. Anhand des in dieser Arbeit beobachteten Verhaltens für E5 kann ein reversibles Gleichgewicht zwischen verschiedenen Zuständen angenommen werden, welches zumindest für *in vitro* Bedingungen gilt. Auf der einen Seite des Gleichgewichts steht das kovalente Dimer und auf der anderen Seite des Gleichgewichts höhere Oligomere (Abbildung 50). Ob bei dieser Oligomerisierung die gleichen Wechselwirkungen beteiligt sind, wie oben für die nicht-kovalente Dimerisierung angenommen, ist unklar. Ebenfalls ist unbekannt, wie viele E5 Moleküle sich zusammenlagern und ob es wie im Falle von VW19 und αFFP zur Ausbildung einer spezifischen, übergeordneten (z.B. fibrillären) Struktur kommt. Die Lage des Gleichgewichts hängt von den Faktoren Proteinkonzentration, Verhältnis zu Detergenz bzw. Lipid, sowie pH-Wert, und in geringem Maße auch von der Temperatur ab. Eventuell gibt es noch andere, bisher unbekannte Einflüsse.

Bei E5-ASA liegt das Monomer auf der linken Seite des Gleichgewichts, während das nicht-kovalente Dimer als Zwischenstufe hin zu Oligomerseite angesehen werden kann.

*Diskussion*

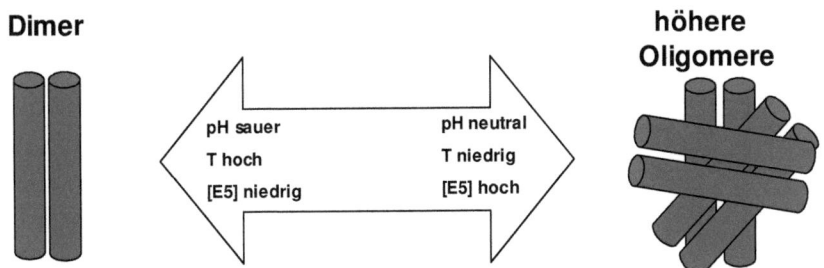

Abbildung 50: Oligomerisierung von E5.
Modell der reversiblen Oligomerisierung des helikalen E5-Proteins in Abhängigkeit verschiedener Faktoren. Je höher die Temperatur bzw. je niedriger der pH-Wert und die Proteinkonzentration, desto eher liegt E5 als Dimer vor, während im umgekehrten Fall es zur Ausbildung höherer Oligomere bzw. Aggregate kommt. T: Temperatur, [E5]: Proteinkonzentration E5. Zur besseren Übersichtlichkeit ist nur die Transmembrandomäne von E5 gezeigt.

Während es relativ sicher zu sein scheint, dass ein solches (oder ähnliches) Gleichgewicht tatsächlich *in vitro* vorliegt, bleibt die Frage offen, wo man sich bei der Herstellung der CD- und NMR-Proben im Gleichgewicht wirklich befindet. Ein Hinweis hierzu liefern die CD-Spektren von αFFP, bei welchen unter sauren Bedingungen ein charakteristisches, helikales Spektrum ohne Anzeichen von Aggregation gemessen wurde, trotz der Tatsache, dass sich bis zu 80 Monomere pro Peptidfibrille zusammengelagert haben. Somit ist auch bei E5 denkbar, dass sich bei saurem pH-Wert gerade nur so viele Moleküle zusammenlagern, dass es zu keiner Beeinflussung der CD-Messung kommt. Bei neutralem pH-Wert hingegen muss die Anzahl der Proteine in den Oligomeren deutlich höher sein, so dass der Durchmesser der Proteinaggregate so groß wird, dass es durch Absorptionsabflachung und Lichtstreuung zu deutlichen Veränderungen der CD-Spektren kommt. Dies würde auch erklären, warum es bei den NMR-Proben in Detergenzien zur Linienverbreiterung kam, obwohl die CD-Spektren äußerlich betrachtet in Ordnung waren (siehe Abschnitt 4.5.3). Hierbei haben sich anscheinend gerade so viele Moleküle zusammengelagert, dass die resultierenden Proteinkomplexe zu groß für die NMR-Messungen waren, aber noch klein genug für die CD-Messungen ohne Artefakte.

Bei den NMR-Messungen in TFE kann angenommen werden, dass hierbei das Gleichgewicht im Vergleich zu den Detergenzproben viel weiter auf der linken Seite

*Diskussion*

lag. Hierfür spricht, dass es in TFE möglich war gute HSQC-Spektren für das Wildtyp-Protein zu erhalten (siehe Abschnitt 4.5.1). Somit waren die Moleküle klein genug für NMR-Messungen. Bei der monomeren E5-Version E5-ASA kann man weiterhin annehmen, dass sich die noch bessere Qualität des HSQC-Spektrums im Vergleich zu den Dimerspektren durch die noch geringere Größe des Monomers erklärt (siehe Abschnitt 4.5.2). Die notwendigen langen NMR-Messzeiten in TFE könnten darauf hindeuten, dass trotzdem ein Teil der Moleküle in höheren Oligomeren gebunden und deshalb nicht detektierbar war. Bei den CD-Proben in TFE hingegen dürfte das Gleichgewicht sogar ganz auf der linken Seite liegen, da hier eine 20-mal geringere Proteinkonzentration als bei den NMR-Proben eingesetzt wurde (siehe Abschnitt 4.4.1).

Bei der Untersuchung von $E5_{TM}$ mit analytischer Ultrazentrifugation wurden Hinweise gefunden, dass *in vitro* tatsächlich ein Gleichgewicht zwischen verschiedenen Oligomerisierungszuständen von E5 vorliegt.[44]

*Diskussion*

## 5.7 Fazit

Mit dieser Arbeit wurde das erste Mal die Struktur des E5-Wildtyp-Proteins eingehend mit CD und NMR untersucht. Hierbei konnte für E5 eine α-helikale Sekundärstruktur ermittelt werden, was die Ergebnisse frühere IR-Untersuchungen des Wildtyp-Proteins sowie die Strukturuntersuchungen der separaten Transmembrandomäne bestätigt.[41,44] Mit den vorliegenden Ergebnissen der Einfach-Cystein-Mutanten wurde auch gezeigt, dass eine einzige Disulfidbrücke für die Ausbildung kovalenter Dimere und einer stabilen Struktur ausreicht. Verschiedene biologische Test mit anderen Einfach-Cystein-Mutanten bestätigen, dass E5 mit nur einer Disulfidbrücke biologisch aktiv sein kann, auch wenn hierbei oftmals Aktivitätseinbußen gegenüber dem Wildtyp-Protein beobachtet wurden. Da alle hier getesteten Einfach-Cystein-Mutanten die gleiche Sekundärstruktur wie das Wildtyp-Protein aufwiesen, können diese Aktivitätseinbußen nicht durch Strukturänderungen erklärt werden. Dies könnte ein vager Hinweis sein, dass die konservierten Cysteine eventuell noch eine andere Funktion außer für die kovalente Dimerisierung haben. Da eine Disulfidbrücke prinzipiell für die kovalente Dimerisierung ausreicht, könnte das andere, freie Cystein entsprechend andere, bisher unbekannte Funktionen übernehmen. Ohne eine hochaufgelöste Struktur, oder die Ergebnisse des weiter oben vorgeschlagenen massenspektrometrischen Jodacetamidtests kann diese spekulative Annahme allerdings noch nicht beantwortet werden.

Die Dimerisierung von E5, welche unerlässlich für die biologische Aktivität des Virusproteins ist, kann einerseits kovalent über Disulfidbrücken oder auch nicht-kovalent über starke hydrophobe Wechselwirkungen erfolgen. Wahrscheinlich spielen beide Mechanismen eine Rolle bei der Dimerisierung des E5-Proteins. Denkbar ist, dass durch die spezifischen nicht-kovalenten Wechselwirkungen die beiden Untereinheiten des Dimers in die richtige, biologisch aktive Anordnung zueinander gebracht werden, welche anschließend durch Ausbildung der Disulfidbrücken kovalent fixiert wird. Auf diese Weise wird sichergestellt, dass das E5-Dimer diejenige spezifische Struktur einnimmt, in welcher die Anlagerung und Aktivierung des Rezeptors erfolgen kann.

Anders als anfangs erwartet stellte sich die Strukturuntersuchung von E5 als schwierig heraus. Bei der Betrachtung der in dieser Arbeit vorgestellten Ergebnisse wird deutlich, wie stark das hydrophobe Membranprotein E5 *in vitro* zur Aggregation neigt. Grund hierfür sind wahrscheinlich die künstlichen Bedingungen unter welchen

*Diskussion*

E5 untersucht wurde. Detergenzmizellen unterscheiden sich aufgrund ihre Größe, Form und Struktur der beteiligten Moleküle deutlich von in natürlichen Membranen vorherrschenden Bedingungen. Liposomen entsprechen zwar eher natürlichen Membranen, waren aber ebenfalls nicht stark genug um die E5-Aggregate aufzubrechen. Weitere Untersuchungen sind notwendig, um das Aggregationsverhalten von E5 genau zu beschreiben und letztendlich aktiv beeinflussen zu können. Unklar ist, ob diese Tendenz zur Aggregation auch *in vivo* auftritt. Interessanterweise wurde ein solches Verhalten bei Untersuchungen von vergleichbaren Cystein-freien E5-Mutanten in der Literatur nicht beobachtet (siehe für ein Beispiel [37]). Lediglich für die E5-Deletionsmutante E5$_{TM}$, welche nur die Transmembrandomäne umfasst, wurde ebenfalls ein Gleichgewicht zwischen verschiedenen Zuständen beschrieben.[44] Sowohl in der hier vorliegenden Arbeit als auch bei den Untersuchungen von E5$_{TM}$ wurden jeweils aufgereinigte Proteine aus bakterieller Proteinexpression bzw. chemischer Peptidsynthese verwendet, während bei den anderen Untersuchungen jeweils Extrakte aus eukaryotischen Zellkulturen verwendet wurden. In diesen Zellextrakten kommen neben E5 noch zahlreiche andere Proteine vor, unter anderem auch die Interaktionspartner von E5, wie beispielsweise der PDGF-β-Rezeptor. Eventuell wird die Oligomerisierung von E5 *in vivo* durch die Interaktion mit dem Rezeptor verhindert. Somit könnte das Zusammenführen von E5 und der ebenfalls im Arbeitskreis von Prof. Ulrich untersuchten Transmembrandomäne des PDGF-β-Rezeptors ein viel versprechender Ansatz zur Untersuchung der Struktur von E5 und des Rezeptors sein.

Insgesamt wurde mit dieser Arbeit der Grundstein für die Aufklärung der Struktur von E5 gelegt. Da das HSQC-Spektrum von E5-ASA in TFE im Vergleich zu den Spektren der dimeren E5-Proteine eine deutlich bessere Qualität hatte, könnte die Untersuchung der Monomerfraktionen eine Möglichkeit bieten, die Qualität der Spektren des Wildtyp-Proteins und der Einfach-Cystein-Mutanten zu verbessern. Gelingt dies auch in Detergenzmizellen, so kann ein H$_2$O/D$_2$O-Austauschexperiment Aufschluss über den in der Membran eingebetteten Sequenzbereich liefern. Das Aggregationsverhalten von E5 könnte auch eingehender mit Hilfe von Dynamischer Differenzkalorimetrie und analytischer Ultrazentrifugation untersucht werden. Zur Bestimmung ob E5 spezifische höhermolekulare fibrilläre oder sphärische Oligomere bildet, wären elektronenmikroskopische Untersuchungen notwendig. Mit Hilfe der im

*Diskussion*

Jahr 2010 neu zu installierenden Synchroton-CD am Forschungszentrum Karlsruhe können außerdem neue Erkenntnis über die Sekundärstruktur gewonnen werden. Weiterhin könnte auch die Untersuchung verschiedener Deletionsmutanten, zum Beispiel nur die hydrophoben ⅔ von E5 oder nur die C-terminale Domäne, neue Einsichten in die Struktur und Dimerisierung von E5 bringen. Auch das Anhängen eines zusätzlichen Dimerisierungsmotivs könnte helfen, die Struktur von E5 in Detergenzmizellen aufzuklären.

Im Rahmen zukünftiger Untersuchungen führt wahrscheinlich eine Kombination aus Flüssigkeit- und Festkörper-NMR zur Aufklärung der Struktur von E5. Mit Hilfe von Flüssigkeits-NMR könnte die dreidimensionale Struktur in Detergenzien aufgeklärt werden, während mit Hilfe von PISEMA-Experimenten und Festkörper-NMR der Helix-Neigungswinkel sowie azimuthale Helix-Drehwinkel in orientierten Lipiddoppelschichten ermittelt werden kann. Ergänzend hierzu wären auch Abstandsmessungen zwischen den beiden Untereinheiten des Dimers durch REDOR-Experimente möglich. Im letzten Schritt wären dann noch Untersuchungen des tetrameren Komplexes aus E5 und PDGF-Rezeptor β notwendig.

# 6 Zusammenfassung

Im Rahmen dieser Arbeit wurde die Dimerisierung und Struktur des E5-Proteins mit CD- und NMR-Spektroskopie untersucht. Hierzu wurden die Herstellung und Aufreinigung genügender Mengen an Protein sowie der Rekonstitution in membranähnlichen Detergenzmizellen und Liposomen grundlegend optimiert. Mit CD konnte gezeigt werden, dass E5 eine α-helikale Sekundärstruktur und schräge Neigung in der Membran einnimmt. Weiterhin wurde beobachtet, dass verschiedene Cystein-Substitutionen keinen Einfluss auf die Struktur von E5 haben und dass für die kovalente Dimerisierung von E5 eine einzige Disulfidbrücke ausreicht, deren Position außerdem nicht auf die Positionen im Wildtyp beschränkt ist. Verschiedene Hinweise deuten darauf hin, dass die Cysteine bzw. Disulfidbrücken in einem relativ flexiblen und nicht-helikalen Bereich von E5 liegen. Außerdem wurde festgestellt, dass neben der kovalenten Dimerisierung noch andere Mechanismen vorhanden sind, welche eine nicht-kovalente Interaktion ermöglichen. Diese Helix-Helix-Interaktionen beruhen vermutlich auf hydrophoben Wechselwirkungen und interhelikalen Wasserstoffbrücken einer Leucin-Zipper ähnliche Struktur im Bereich der Transmembrandomäne. Der Vergleich zwischen monomeren und dimeren E5-Proteinen hat gezeigt, dass die Dimerisierung von E5 weder mit einer Umfaltung noch Umorientierung einher geht, welche für die biologische Funktion von E5 verantwortlich sein könnte. Weiterhin kann angenommen werden, dass E5 (zumindest *in vitro*) in einem Gleichgewicht aus verschiedenen Oligomerisierungszuständen vorliegt. Dieses reversible Gleichgewicht ist von verschiedenen Faktoren wie pH-Wert und Proteinkonzentration abhängig und beeinflusst maßgeblich die Strukturuntersuchungen.

# 7 Literaturverzeichnis

[1] de Villiers, E.M.; Wagner, D.; Schneider, A.; Wesch, H.; Miklaw, H.; Wahrendorf, J.; Papendick, U.; zur Hausen, H.
*Human papillomavirus infections in women with and without abnormal cervical cytology.*
Lancet 2, 1987, p:703-706

[2] de Villiers, E.M.; Fauquet, C.; Broker, T.R.; Bernard, H-U.; zur Hausen, H.
*Classification of papillomaviruses.*
Virology 324, 2004, p:17-27

[3] Ogawa, T.; Tomita, Y.; Okada, M.; Shinozaki, K.; Kubonoya, H.; Kaiho, I.; Shirasawa, H.
*Broad-spectrum detection of papillomaviruses in bovine teat papillomas and healthy teat skin.*
J. Gen. Virol. 85, 2004, p:2191-2197

[4] Bloch, N.; Sutton, R.H.; Spradbrow, P.B.
*Bovine cutaneous papillomas associated with bovine papillomavirus type 5.*
Archives Virology 138, 1994, p:373-377

[5] Modis, Y.; Trus, B.L; Harrison, S.C.
*Atomic model of the papillomavirus capsid.*
The EMBO Journal 21 (18), 2002, p:4754-4762

[6] Li, M.; Beard, P.; Estes, P.A.; Lyon, M.K.; Garcea, R.L.
*Intercapsomeric disulfide bonds in papillomavirus assembly and disassembly.*
Journal of Virology 72, 1998, p:2160-2167

[7] Chen, E.H.; Howle, P.M.; Levinson, A.D.; Seeburg, P.H.
*The primary structure and genetic organization of the bovine papillomavirus type 1 genome.*
Nature 299, 1982, p:529-534

*Literaturverzeichnis*

[8] Campo, M.S.
*Bovine papillomavirus: old system, new lessons?*
*Papillomavirus research: from natural history to vaccine and beyond.*
Caister Academic Press, Norfolk, 2006

[9] Engel, L.W.; Heilman, C.A.; Howley, P.M.
*Transcriptional Organization of Bovine Papillomavirus Type I.*
Journal of Virology 47 (3), 1983, p:516-528

[10] Doorbar, J.
*The papillomavirus life cycle.*
Journal of Clinical Virology 32S, 2005, p:7-15

[11] Day, P.M.; Lowry, D.R.; Schiller, J.T.
*Papillomaviruses infect cells via a clathrin-dependend pathway.*
Virology 307, 2003, p:1-11

[12] Day, P.M.; Baker, C.C.; Lowy, D.R.; Schiller, J.T.
*Establishment of papillomavirus infection is enhanced by promyelocytic leukemia protein (PML) expression.*
Proc. Natl. Acad. Sci. 101, 2004, p:14252-14257

[13] Ozbun, M.A. und Meyers, C.
*Human papillommavirus type 31b E1 and E2 transcript expression correlates with the vegetative viral genome amplification.*
Virology 248, 1998, p:218-230

[14] Wilson, V.G.; West, M.; Woytek, K.; Rangasamy, D.
*Papillomavirus E1 protein: form, function, and features.*
Virus Genes 24, 2001, p:275-290

[15] Dell, G.; Wilkinson, K. W.; Tranter, R.; Parish, J.; Leo Brady; R., Gaston, K.
*Comparison of the structure and DNA-binding properties of the E2 proteins from an oncogenic and a non-oncogenic human papillomavirus.*
Journal Molecular Biology 334, 2003, p:979-991

*Literaturverzeichnis*

[16] Masterson, P. J.; Stanley, M. A.; Lewis, A. P.; Romanos, M. A.
A C-terminal helicase domain of the human papillomavirus E1 protein binds E2 and the DNA polymerase α-primase p68 subunit.
Journal of Virology 72, 1998, p:7407-7419


[17] Sherman, L.; Jackman, A.; Itzhaki, H.; Stoppler, M. C.; Koval, D.; Schlegel, R.
Inhibition of serum and calcium-induced differentiation of human keratinocytes by HPV16 E6 oncoprotein: role of p53 inactivation.
Virology 237, 1997, p:296-306


[18] Munger, K.; Basile, J.R.; Duensing, S.; Eichten, A.; Gonzales, S.L.; Grace, M.; Zacny, V.L.
Biological activities and molecular targets of the human papillomavirus E7 oncoprotein.
Oncogene 20, 2001, p:7888-7898


[19] Straight, S.W.; Hinkle, P.M.; Jewers, R.J.; McCance, D.J.
The E5 Oncoprotein of Human Papillomavirus Type 16 Transforms Fibroblasts and Effects the Downregulation of the Epidermal Growth Factor Receptor in Keratinocytes.
Journal of Virology 67 (8), 1993, p:4521-4532


[20] Petti, L.; Nilson, L.A.; DiMaio, D.
Activation of the platelet-derived growth factor receptor by the bovine papillomavirus E5 transforming protein.
The EMBO Journal 10 (4), 1991, p:845-855


[21] Day, P.M.; Roden, R.B.S.; Lowy, D.R.; Schiller, J.T.
The papillomavirus minor capsid protein, L2, induces localization of the major capsid protein, L1 and the viral transcription/replication protein, E2, to PML oncogenic domains.
Journal of Virology 72, 1998, p:142-150

*Literaturverzeichnis*

[22] Bryan, J.T. und Brown, D.R.
Association of the human papillomavirus type 11 E1^E4 protein with cornified cell envelopes derived from infected genital epithelium.
Virology 277, 2000, p:262-269

[23] Doorbar, J.; Ely, S.; Sterling, J.; McLean, C.; Crawford, L.
Specific interaction between HPV-16 E1-E4 and cytokeratins results in collapse of the epithelial cell intermediate filament network.
Nature 352, 1991, p:824-827

[24] Dvoretzky, I.; Shober, R.; Cattopadhyay, S.K.; Lowy, D.R.
A Quantitative in Vitro Focus Assay for Bovine Papilloma Virus.
Virology 103, 1980, p:369-375

[25] Schiller, J.T.; Vass, W.C.; Vousden, K.H.; Lowy, D.R.
E5 open reading frame of bovine papillomavirus type 1 encodes a transforming gene.
Journal of Virology 57, 1986, p:1-6

[26] Rawls, J.A.; Loewenstein, P.M.; Green, M.
Mutational Analysis of Bovine Papillomavirus Type 1 E5 Peptide Domains Involved in Induction of Cellular DNA Synthesis.
Journal of Virology 63 (11), 1991, p:4962-4964

[27] Burkhardt, A.; DiMaio, D.; Schlegel, R.
Genetic and biochemical definition of the bovine papillomavirus E5 transforming protein.
The EMBO Journal 6 (8), 1987, p:2381-2385

*Literaturverzeichnis*

[28] Goldstein, D.J.; Li, W.; Wang, L.-M.; Heidaran, M.A.; Aaronson, S.A.; Shinn, R.; Schlegel, R.; Pierce, J.H.
*The bovine papillomavirus type I E5 transforming protein specifically binds and activates the β-type receptor for platelet-derived growth factor but not other tyrosine kinase-containing receptors to induce cellular transformation.*
Journal of Virology 68, 1994, p:4432-4441

[29] Martin, P.; Vass,W.C.; Schiller, J.T.; Lowy, D.R.; Velu, T.J.
*The bovine papillomavirus E5 transforming protein can stimulate the transforming activity of EGF and CSF-1 receptors.*
Cell 59, 1989, p:21-32

[30] Cohen, B.D.; Goldstein, D.J.; Rutledge, L.; Vass, W.C.; Lowy, D.R.; Schlegel, R.; Schiller, J.T.
*Transformation-specific interaction of the bovine papillomavirus E5 oncoprotein with the platelet-derived growth factor receptor transmembrane domain and the epidermal growth factor receptor cytoplasmic domain.*
Journal of Virology 67, 1993, p:5303-5311

[31] Cohen, B.D.; Lowy, D.R.; Schiller, J.T.
*The conserved C-terminal domain of the bovine papillomavirus E5 oncoprotein can associate with an alpha-adaptin-like molecule: a possible link between growth factor receptors and viral transformation.*
Mol. Cell. Biol. 13, 1993, p:6462-6468

[32] Goldstein, D.J. und Schlegel, R.
*The E5 oncoprotein of bovine papillomavirus binds to a 16 kd cellular protein.*
The EMBO Journal, 9 (1), 1990, p:137-146

[33] Goldstein, D.J.; Finbow, M.E.; Andresson, T.; McLean, P.; Smith, K.; Bubb, V.; Schlegel, R.
*Bovine Papillomavirus E5 oncoprotein binds to the 16 k component of the vacuolar $H^+$-ATPase.*
Nature 352, 1991, p:347-348

*Literaturverzeichnis*

[34] Goldstein, D.J.; Andresson, T.; Sparkowski, J.J.; Schlegel, R.
*The BPV-1 E5 protein, the 16 kDa membrane pore-forming protein and the PDGF receptor exist in a complex that is dependent on hydrophobic transmembrane interactions.*
The EMBO Journal 11 (13), 1992, p:4851-4859


[35] Burkhardt, A.; Willingham, M.; Gay, C.; Jeang, K.-T.; Schlegel, R.
*The E5 Oncoprotein of Bovine Papillomavirus Is Oriented Asymmetrically in Golgi and Plasma Membranes.*
Virology 170, 1989, p:334-339


[36] Nilson, L.A. und DiMaio, D.
*Platelet-Derived Growth Factor Receptor Can Mediate Tumorigenic Transformation by the Bovine Papillomavirus E5 Protein.*
Molecular and Cellular Biology 13 (7), 1993, p:4137-4145


[37] Horwitz, B.H.; Burkhardt, A.L.; Schlegel, R.; DiMaio, D.
*44-Amino-Acid E5 Transforming Protein of the Bovine Papillomavirus Requires a Hydrophobic Core and Specific Carboxyl-Terminal Amino Acids.*
Molecular and Cellular Biology 8 (10), 1988, p:4071-4078


[38] Horwitz, B.H.; Weinstat, D.L.; DiMaio, D.
*Transforming activity of a 16-amino-acid segment of the bovine papillomavirus E5 protein linked to random sequences of hydrophobic amino acids.*
Journal of Virology 63 (11), 1989, p:4515-4519


[39] Kulke, R.; Horwitz, B.H.; Zibello, T.; DiMaio, D.
*The Central Hydrophobic Domain of the Bovine Papillomavirus E5 Transforming Protein Can Be Functionally Replaced by Many Hydrophobic Amino Acid Sequences Containing a Glutamine.*
Journal of Virology 66 (1), 1992, p:505-511

## Literaturverzeichnis

[40] Mattoon, D.; Gupta, K.; Doyon, J.; Loll, P.L.; DiMaio, D.
*Identification of the transmembrande dimer interface of the bovine papillomavirus E5 protein.*
Oncogene 20, 2001, p:3824-3834

[41] Surti, T.; Klein, O.; Aschheim, K.; DiMaio, D.; Smith, S.
*Structural models of the Bovine Papillomavirus E5 Protein.*
Proteins: Structure, Function, and Genetics 33, 1998, p:601-612

[42] Sparkowski, J.; Anders, J.; Schlegel, R.
*Mutation of the Bovine Papillomavirus E5 oncoprotein at Amino Acid 17 Generates both High- and Low-Transforming Variants.*
Journal of Virology 68 (9), 1994, p:6120-6123

[43] Zhou, F.X.; Cocco, M.J.; Russ, W.P.; Brunger, A.T.; Engelman, D.M.
*Interhelical hydrogen bonding drive strong interactions in membrane proteins.*
Nature Structural Biology 7 (2), 2000, p:154-160

[44] Oates, J.; Hicks, M.; Dafforn, T.R.; DiMaio, D.; Dixon, A.M.
*In Vitro Dimerization of the Bovine Papillomavirus E5 Protein Transmembrane Domain.*
Biochemistry 47, 2008, p:8989-8992

[45] Furthmayr, H. und Marchesi, V.T.
*Subunit structure of human erythrocyte glycophorin A.*
Biochemistry 15 (5), 1976, p:1137-1144

[46] Heldin, C-H.
*Dimerization of Cell Surface Receptors in Signal Transduction.*
Cell 80, 1995, p:213-223

[47] Schlessinger, J.
*Cell Signaling by Receptor Tyrosine Kinases.*
Cell 103, 2000, p:211-225

*Literaturverzeichnis*

[48] Heldin, C.-H. und Westermark, B.
*Mechanism of Action and In Vivo Role of Platelet-Derived Growth Factor.*
Physiological Reviews 79 (4), 1999, p:1284-1301


[49] Heldin, C.-H.; Ernlund, A.; Rorsman, C.; Rönnstrand, L.
*Dimerization of B-type platelet-derived growth factor receptors occurs after ligand binding and is closely associated with receptor kinase activation.*
J. Biol. Chem. 264, 1989, p:8905-8912


[50] Petti, L. und DiMaio, D.
*Specific Interaction between the Bovine Papillomavirus E5 Transforming Protein and the 1 Receptor for Platelet-Derived Growth Factor in Stably Transformed and Acutely Transfected Cells.*
Journal of Virology 68 (6), 1994, p:3582-3592


[51] Lai, C.C.; Hennigson, C.; DiMaio, D.
*Bovine papillomavirus E5 protein induces formation of signal transduction complexes containing dimeric activated PDGF β receptor and associated signaling proteins.*
Journal Biol. Chem. 275, 2000, p:9832-9840


[52] Nappi, V.M. und Petti, L.M.
*Multiple transmembrane amino acid requirements suggest a highly specific interaction between the bovine papillomavirus E5 oncoprotein and the platelet-derived growth factor beta receptor.*
Journal of Virology 76, 2002, p:7976-7986


[53] Nappi, V.M.; Schaefer, J.A.; Petti, L.M.
*Molecular examination of the transmembrane requirements of the platelet-derived growth factor beta receptor for a productive interaction with the bovine papillomavirus E5 oncoprotein.*
J. Biol. Chem. 277, 2002, p:47149-47159

*Literaturverzeichnis*

[54] Klein, O.; Kegler-Ebo, D.; Su, J.; Smith, S.; DiMaio, D.
*The bovine papillomavirus E5 protein requires a juxtamembrane negative charge for activation of the platelet-derived growth factor beta receptor and transformation of C127 cells.*
Journal of Virology 73 (4), 1999, p:3264-3272

[55] Meyer, A.N.; Xu, Y.-F.; Webster, M.K.; Smith, A.E.; Donoghue, D.J.
*Cellular transformation by a transmembrane peptide: Structural requirements for the bovine papillomavirus E5 oncoprotein.*
Biochemistry 91, 1994, p:4634-4638

[56] Petti, L.; Reddy, V.; Smith, S.O.; DiMaio, D.
*Identification of Amino Acids in the Transmembrane and Juxtamembrane Domains of the Platelet-Derived Growth Factor Receptor Required for Productive Interaction with the Bovine Papillomavirus E5 Protein.*
Journal of Virology 71 (10), 1997, p:7318-7327

[57] Talbert-Slagle, K. und DiMaio, D.
*The bovine papillomavirus E5 protein and the PDGF β receptor: It takes two to tango.*
Virology 384, 2008, p:345-351

[58] Wallin, E. und von Heijne, G.
*Genome-wide analysis of integral membrane proteins from eubacterial, archaean, and eukaryotic organisms.*
Protein Science 7, 1998, p:1029-1038

[59] von Heijne, G.
*Membrane Proteins: From Sequence to Structure*
Annu. Rev. Biophys. Biomol. Struct. 23, 1994, p:167-192

[60] Downing, K.A.
*Protein NMR Techniques* (Methods in Molecular Biology)
Humana Press, 2.Edition, 2004

*Literaturverzeichnis*

[61] Cavanagh, J.; Fairbrother, W.J.; Palmer III, A.G.; Rance, M.; Skelton, N.J.
Protein NMR Spectroscopy – Principle and Practice
Elsevier Academic Press, 2. Edition, 2007

[62] Friebolin, H.
Ein- und zweidimensionale NMR-Spektroskopie
WILEY-VCH Verlag, 3. Auflage, 1999

[63] Evans, J.N.S.
Biomolecular NMR Spectroscopy
Oxford University Press, 1. Auflage, 1995

[64] Bodenhausen, G. und Ruben, D.J.
Natural Abundance Nitrogen-15 NMR by Enhanced Heteronuclear Spectroscopy.
Chem. Phys. Lett., 69, 1980, p:185-189

[65] Ramamoorthy, A.
NMR Spectroscopy of Biological Solids
St. Lucie Press, 2005

[66] Opella, S.J. und Marassi F.M.
Structure determination of membrane proteins by NMR spectroscopy.
Chem. Rev. 104, 2004, p:3587-3606

[67] Fasman, G.D.
Circular Dichroism and the Conformational Analysis of Biomolecules.
Plenum Press New York, 1996

[68] Kelly, S.M.; Jess, T.J.; Price, N.C.
How to study proteins by circular dichroism.
Biochimica et Biophysica Acta 1751, 2005, p:119-139

*Literaturverzeichnis*

[69] Berova, N.; Nakanishi, K.; Woody, R.W.
*Circular Dichroism: Principles and Application.*
WILEY-VCH, 2.Edition, 2000, New York

[70] Provencher, S.W. und Glockner, J.
*Estimation of globular protein secondary structure from circular dichroism.*
Biochemistry 20, 1981, p:33-37

[71] Greenfield, N.J.
*Using circular dichroism spectra to estimate protein secondary structure.*
Nature Protocols 2006, 1(6), 2006, p:2876-2890

[72] Yang, J.T.; Wu. C.S.C.; Martinez, H.M.
*Calculation of protein conformation from circular dichroism.*
Meth. Enzymol. 130, 1986, p:208-269

[73] Winter, R. und Noll, F.
*Methoden der Biophysikalischen Chemie.*
Teubner Verlag, Stuttgart, 1998, Kapitel 4

[74] Bulheller, B.M.; Rodger, A.; Hirst, J.D.
*Circular and linear dichroism of proteins.*
Physical Chemistry Chemical Physics. 9, 2007, p:2020-2035

[75] Wu, Y.; Huang, H.W.; Olah, G.A.
*Method of oriented circular dichroism.*
Biophysical Journal 57, 1990, p:797-806

[76] Chen, F.-Y.; Lee, M.T.; Huang H.W.
*Sigmoidal concentration dependence of antimicrobial peptide activities: a case study on alamethicin.*
Biophysical Journal 82, 2002, p:908-914

*Literaturverzeichnis*

[77] Rinaldi, P.L. und Baldwin, N.J.
*13C{2H} Insensitive Nuclei Enhanced by Polarization Transfer (INEPT): a new NMR strategy for isotopic labeling studies.*
J. Am. Chem. Soc 104 (21), 1982, p:5791-5793

[78] Bornstein, P. und Balian, G.
*Cleavage at Asn-Gly Bonds with Hydroxylamine.*
Methods of Enzymology 47, 1970, p:132-145

[79] Benamira, S.
*Expression des membranständigen Papillomavirus Proteins E5 in E.coil zur Strukturaufklärung.*
Dissertation Universität Karlsruhe, 2006

[80] Schägger, H., und von Jagow, G.
*Tricine-Sodium Dodecyl Sulfate-Polyacrylamide Gel Electrophoresis for the Separation of Proteins in the Range from 1 to 100 kDa.*
Analytical Biochemistry 166, 1987, p:368-379

[81] Karas, M.; Bachmann, D.; Bahr, U.; Hillenkamp, F.
*Matrix-assisted ultraviolett laser desorption of non-volatile compounds.*
Int. Journal of Mass Spectrom. Ion Process. 78, 1987, p:53-68

[82] Pace, C.N.; Vajdos, F.; Fee, L.; Grimsley, G.; Gray, T.
*How to measure and predict the molar absorption coefficient of a protein.*
Protein Sci. 11, 1995, p:2411-2423

[83] Lobley, A.; Whitmore, L.; Wallace, B.A.
*DICHROWEB: an interactive website for the analysis of protein secondary structure from circular dichroism spectra.*
Bioinformatics 18, 2002, p:211-212

*Literaturverzeichnis*

[84] Whitmore, L. und Wallace, B.A.
*DICHROWEB, an online server for protein secondary structure analyses from circular dichroism spectroscopuic data.*
Nucleic Acids Res. 32, 2004, p:668-673

[85] Van Stokkum, I.H.M.; Spoelder, H.J.W.; Bloemendal, M.; Van Grondelle, R.; Groen, F.C.A.
*Estimation of protein secondary structure and error analysis from CD spectra.*
Anal. Biochem. 191, 1990, p:110-118

[86] Sreerama, N. und Woody, R.W.
*Estimation of protein secondary structure from circular dichroism spectra: comparison of CONTIN, SELCON and CDSSTR methods with an expanded reference set.*
Anal. Biochem. 287, 2000, p:252-260

[87] Sreerema, N. und Woody, R.W.
*A self-consistent method for the analysis of protein secondary structure from circular dichroism.*
Anal. Biochem. 209, 1993, p:32-44

[88] Sreerama, N.; Venyaminov, S.Y.; Woody, R.W.
*Estimation of the number of α-helical and β-strand segments in proteins using circular dichroism spectroscopy.*
Protein Science 8, 1999, p:370-380

[89] Bürck, J.; Roth, S.; Wadhwani, P.; Afonin, S.; Kanithasen, N.; Strandberg, S.; Ulrich, A.S.
*Conformation and membrane orientation of amphiphilic helical peptides by oriented circular dichroism.*
Biophysical Journal 95, 2008, p:3872-3881

*Literaturverzeichnis*

[90] Vogel, H.
*Comparison of the Conformation and Orientation of Alamethicin and Melittin in Lipid Membranes.*
Biochemistry 26, 1987, p:4562-4572

[91] Clayton, A.H.A. und Saywer, W.H.
*Oriented circular dichroism of a class A amphipathic helix in aligned phospholipid multilayers.*
Biochimica et Biophysicy Acta 1467, 2000, p:124-130

[92] Miozzari, G.F. und Yanofsky, C.
*Translation of the Leader region of E.coli Tryptophan Operon.*
Journal of Bacteriology, 1978, p:1457-1466

[93] Mao, D. und Wallace, B.A.
*Differential light scattering and absorption flattening optical effects are minimal in the circular dichroism spectra of small unilamellar Vesicles.*
Biochemistry 23, 1984, p:2667-2673

[94] Onufriev, A.; Case, D.A.; Ullmann, G.M.
*A Novel View of pH Titration in Biomolecules.*
Biochemistry 40 (12), 2001, p:3413-3419

[95] Thurlkill, R.L.; Grimsley, G.R.; Scholtz, J.M.; Pace, C.N.
*pK values of ionizable groups of proteins.*
Protein Science 15, 2006, p:1214-1218

[96] Lee, K.K.; Fitch, C.A.; Lecomte, J.T.J.; Garca-Moreno, E.B.
*Electrostatic Effects in Highly Charged Proteins: Salt Sensitivity of pK Values of Histidines in Staphylococcal Nuclease.*
Biochemistry 41 (17), 2002, p:5656-5667

*Literaturverzeichnis*

[97] Goodman, M. und Listowsky, I.
*Conformational Aspects of Synthetic Polypeptides. VI. Hypochromic Spectral Studies of Oligo-γ-Methyl-L-Glutamate Peptides.*
J. Am. Chem. Soc. 84, 1962, p:3770-3771

[98] Nelson, J.W. und Kallenbach, N.R.
*Stabilization of the ribonuclease S-peptide α-helix by trifluoroethanol.*
Proteins: Structure, Function, and Bioinformatics 1 (3), 1986, p:211-217

[99] Artemenke, E.O.; Egorova, N.S.; Arseniev, A.S.; Feofanov, A.V.
*Transmembrane Domain of EphA1 receptor forms dimers in membrane-like environment.*
Biochimica et Biophysica Acta 1778, 2008, p:2361-2367

[100] Creighton, T.E.
*Counting integral numbers of amino acid residues per polypeptide chain.*
Nature 284, 1980, p:487-489

[101] Aitken, A. und Learmonth, M.
*Carboxymethylation of Cysteine Using Iodoacetamide/Iodoacetic Acid.*
The Protein Protocols Handbook 2. Ausgabe, 2007, Kapitel 59, p:455-456
Edited by: J. M. Walker © Humana Press Inc., Totowa, NJ

[102] Hirokawa T.; Boon-Chieng S.; Mitaku S.
*SOSUI: classification and secondary structure prediction system for membrane proteins.*
Bioinformatics 14, 1998, p:378-379
http://bp.nuap.nagoya-u.ac.jp/sosui/sosui_submit.html.

[103] Krogh, A.; Larsson, B.; von Heijne, G.; Sonnhammer, E.L.L.
*Predicting transmembrane protein topology with a hidden Markov model: Application to complete genomes.*
Journal of Molecular Biology 305 (3), 2001, p:567-580
http://www.cbs.dtu.dk/services/TMHMM-2.0/

*Literaturverzeichnis*

[104] Wallace, B.A. und Janes, R.W.
*Tryptophans in membrane proteins. X-ray crystallographic analyses.*
Adv. Exp. Med. Biol. 467, 1999, p:789-799

[105] Pagel, K.; Wagner, S.C.; Samedov, K.; v.Berlepsch, H.; Böttcher,C.; Koksch, B.
*Random Coils, β-Sheet Ribbons, and α-Helical Fibers: One Peptide Adopting Three Different Secondary Structures at Will.*
J. Am. Chem. Soc. 128, 2006, p:2196-2197

[106] Potekhin, S.A.; Melnik, T.N.; Popov, V.; Lanina, N.F.; Vazina, A.A.; Rigler, P.; Verdini, A.S.; Corradin, G.; Kajava, A.V.
*De novo design of fibrils made of short a-helical coiled coil peptides.*
Chemistry & Biology 8, 2001, p:1025-1032

Die VDM Verlagsservicegesellschaft sucht für wissenschaftliche Verlage abgeschlossene und herausragende

# Dissertationen, Habilitationen, Diplomarbeiten, Master Theses, Magisterarbeiten usw.

für die kostenlose Publikation als Fachbuch.

Sie verfügen über eine Arbeit, die hohen inhaltlichen und formalen Ansprüchen genügt, und haben Interesse an einer honorarvergüteten Publikation?

Dann senden Sie bitte erste Informationen über sich und Ihre Arbeit per Email an *info@vdm-vsg.de*.

**Sie erhalten kurzfristig unser Feedback!**

VDM Verlagsservicegesellschaft mbH
Dudweiler Landstr. 99         Telefon  +49 681 3720 174
D - 66123 Saarbrücken         Fax      +49 681 3720 1749

**www.vdm-vsg.de**

Die VDM Verlagsservicegesellschaft mbH vertritt

Printed by Books on Demand GmbH, Norderstedt / Germany